非實用

野鳥圖鑑

600種鳥類變身搞笑全紀錄

富士鷹茄子◎著　張東君◎譯　丁宗蘇◎審訂

和野鳥愉快相遇

從初版發行經過了十年，

託大家的福能夠推出十週年版，真是超開心的。

希望能藉由這本圖鑑，

開啟大家與野鳥們愉快相遇的契機，

也請大家今後繼續支持喔。

右頁為作者富士鷹茄子特別為台灣讀者親繪的五種台灣特有鳥。

濃密的黑眉線　　剛毛

台灣擬啄木

（五色鳥）20cm
Psilopogon nuchalis
普遍留鳥

冠羽畫眉
Yuhina brunneiceps
普遍留鳥

褐色龐克羽冠

黃色虹膜

喙和腳
是紅色

台灣藍鵲 65cm
Urocissa caerulea
普遍留鳥

頭上
有白毛

藍腹鷴
Lophura swinhoii
不普遍留鳥

♂

紅色雙腳

♂

白色相間橫紋

帝雉
Syrmaticus mikado
普遍留鳥

黑色雙腳

前言

　　我花了四年時間慢慢畫、慢慢累積的這些鳥類插圖，總算能集結成一本書，真是讓人高興啊！雖然這本書叫做《非實用野鳥圖鑑》，不過實際上正如大家所見，它究竟能不能被稱為「圖鑑」，還真是令人存疑呢。因為這些圖畫和真鳥之間有著相當大的差距，感覺起來非常不正經；不過我覺得偶爾出現這麼一本白痴白痴的「野鳥圖鑑」也未嘗不可，於是就這麼畫了下去。假如因此被批評說：「這裡跟本尊不一樣啦！」那可真是沒完沒了。

　　在市面上已經有許多本鳥類圖鑑，如果想看正經八百的圖鑑就請去找那一類吧。這本書是我自己玩得很快樂、自由塗鴉般的創作。雖然大概是沒什麼用的圖鑑，但如果讀者們在看這本書時，能夠呵呵呵笑個不停，或者發出「這是什麼玩意兒？」這樣的驚嘆，就代表我的看法已經傳達給讀者了。

　　即使對賞鳥是門外漢的讀者，只要能在發出「是否真的有這種鳥？」這樣的好奇聲音後，進而對鳥類產生興趣，那就太棒了。接著，請實際走出戶外去探訪真正的鳥兒們。大家一定會因為看到的鳥類多到超乎預期，而感到驚訝萬分，或許真能找到出現在這本圖鑑中的怪鳥呢！

　　最後，對於那些因為慘遭我塗鴉變形而飽受困擾的鳥兒，我要向牠們說聲抱歉。

2009年10月 富士鷹茄子

●分類上的目與科別

●雌鳥
●雄鳥

●中文鳥名

●日文漢字鳥名

●學名的意義說明

●中文版譯註符號

●中文版譯註

●拉丁學名

●此種鳥的身長

●表示此種鳥在日本是迷鳥。
本書所有鳥種在台灣的遷留狀態
與數量等級，請見152-157頁。

目錄

紅喉潛鳥 阿比 63cm
Gavia stellata
（有星斑的海鷗）

夏羽

冬羽

潛水名人（鳥），
不擅長在
地面行走。

腳長在身體的後方

潛鳥的體型都很像潛水艇

脖子的花紋讓人印象深刻

黑喉潛鳥 大波武 72cm
Gavia arctica
（北極的海鷗）

喔～火腿！！＊

夏羽

冬羽

往上翹的
雄偉鳥喙

冬羽

夏羽

太平洋潛鳥
白襟大波武 65cm
Gavia pacifica
（太平洋的海鷗）

夏羽

冬羽

白嘴潛鳥
嘴白阿比 89cm
Gavia adamsii
（亞當斯先生發現的海鷗）

＊註：此句的日文發音為「Oh! Ham!」，和黑喉潛鳥的日文名オオハム（Oo-hamu）音相近。

鸊鷉目 | 鸊鷉科

黑頸鸊鷉 羽白鳥
Podiceps nigricollis
（有黑頸、腳長在
屁股附近的傢伙）
31cm

好熱……

夏羽

冬羽

真清爽……

冬羽

夏羽

夏羽

小鸊鷉 入鳥 26cm
Tachybaptus ruficollis
（有紅頸能快速潛水的傢伙）

會讓雛鳥坐在
背上喔！

冬羽

紅眼睛
很漂亮

在腳趾間
有蹼（瓣足）

擅長潛水，別名「小潛」。

赤頸鸊鷉
赤襟入鳥 47cm
Podiceps grisegena
（淺灰色臉頰、腳長在
屁股附近的傢伙）

冬羽

夏羽

夏羽

冬羽

有頭冠和鬍鬚(?)，
好神氣啊！

角鸊鷉 耳入鳥 33cm
Podiceps auritus
（有耳朵、腳長在
屁股附近的傢伙）

冠鸊鷉 冠入鳥
Podiceps cristatus 56cm
（有頭冠、腳長在屁股附近的傢伙）

鸌形目 ｜ 信天翁科

要是能坐在信天翁背上飛翔，一定很舒服～

漂泊信天翁 渡信天翁
Diomedea exulans *
（四處漂泊的戴奧米迪斯）120cm

短尾信天翁 信天翁
Diomedea albatrus * 91.5cm
（像信天翁的戴奧米迪斯
〔希臘特洛伊戰爭的英雄〕）

能長時間不拍打
翅膀持續飛行，
像滑翔翼一樣。

黑背信天翁 小信天翁 81cm
Diomedea immutabilis
（親子有同樣體色的戴奧米迪斯）

黑腳信天翁
黑足信天翁 78.5cm
Diomedea nigripes *
（黑腳的戴奧米迪斯）

*註：短尾信天翁目前通用的學名是 *Phoebastria albatrus*。漂泊信天翁的學名是 *Phoebastria exulans*。黑腳信天翁的學名是 *Phoebastria nigripes*。

暴風鸌
古間鷗 48cm
Fulmarus glacialis
（冰國會發出惡臭的傢伙）

暗色型

淡色型

棕頭圓尾鸌
羽白水凪（薙）鳥 40cm
Pterodroma solandri
（索蘭德先生那用翅膀
奔跑的傢伙＊）

貼近海面飛行

克島圓尾鸌 38cm
変（？）白腹水凪（薙）鳥
Pterodroma neglecta

暗色型

中間型

迷鳥

淡色型

他們是能在波浪間
穿梭飛行的帥氣傢伙

迷鳥

鱗斑圓尾鸌
斑白腹水凪（薙）鳥
Pterodroma
inexpectata
36cm

白頸圓尾鸌 43cm
大白腹水凪（薙）鳥
Pterodroma externa
（用借來的翅膀
奔跑的傢伙＊）

迷鳥

颱風
11號

← 11號並沒有什麼意義……

＊註：屬名 *Pterodroma* 原意「用翅膀奔跑」，是指這類鳥常在海面用翅膀快速轉向。

11

唉呀！有腋毛，好害羞！

迷鳥

暗腰圓尾鸌
ハワイ白腹水凪（薙）鳥　43cm
Pterodroma phaeopygia

白腹穴鳥
白腹水凪（薙）鳥　30cm
Pterodroma hypoleuca
（有白肚子、用翅膀奔跑的傢伙）

這傢伙也是白腹……

嗯

迷鳥

黑翅圓尾鸌
羽黑白腹水凪（薙）鳥　29cm
Pterodroma nigripennis
（用黑色羽毛的翅膀奔跑的傢伙）

長嘴圓尾鸌
姬白腹水凪（薙）鳥
Pterodroma longirostris
28.5cm
（有長嘴喙、用翅膀奔跑的傢伙）

安全第一

要挖洞囉！

穴鳥　穴鳥　27cm
Bulweria bulwerii
（是英國牧師布賣爾〔J. Bulwer〕發現的）

雖說是穴鳥，不過這也太……

從上方俯瞰就像是個M字

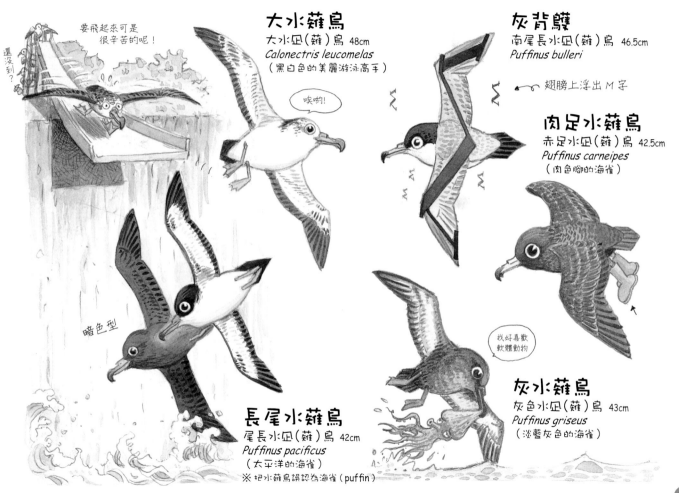

要飛起來可是很辛苦的呢！

還沒到？

大水薙鳥
大水凪(薙)鳥 48cm
Calonectris leucomelas
（黑白色的美麗游泳高手）

唉喲!

灰背鸌
南尾長水凪(薙)鳥 46.5cm
Puffinus bulleri

← 翅膀上浮出 M 字

肉足水薙鳥
赤足水凪(薙)鳥 42.5cm
Puffinus carneipes
（肉色腳的海雀）

暗色型

找好喜歡軟體動物

長尾水薙鳥
尾長水凪(薙)鳥 42cm
Puffinus pacificus
（太平洋的海雀）
※把水薙鳥誤認為海雀（puffin）

灰水薙鳥
灰色水凪(薙)鳥 43cm
Puffinus griseus
（淡藍灰色的海雀）

短尾水薙鳥
嘴細水凪(薙)鳥 42.5cm
Puffinus tenuirostris
（喙部細的海雀）

找到了！

黑鸌
小水凪(薙)鳥 36cm
Puffinus nativitatis
（出生地〔聖誕島〕的海雀）

黃蹼洋海燕 足長海燕
Oceanites oceanicus 18cm
（大洋的海仙女
〔海神的女兒〕）

迷鳥

唉？

灰藍叉尾海燕
灰色海燕 20cm
Oceanodroma furcata
（〔尾部〕分叉的遠渡大洋者）

SOS

奧氏鸌
背黑水凪(薙)鳥 28cm
Puffinus lherminieri
（法國博物學家哈米尼
〔Felix-Louis L'Herminier〕的海雀）

14

白腰叉尾海燕
腰白海燕 20.5cm
Oceanodroma leucorhoa
（有白腰的遠渡大洋者）

哈考氏叉尾海燕
黑腰白海燕 19cm
Oceanodroma castro
（德塞塔群島人稱呼牠們為
Roque de Castro）

褐翅叉尾海燕
オーストン海燕 24.5cm
Oceanodroma tristrami
（由崔斯傳
〔H. B. Tristram〕
發現的遠渡大洋者）

黑叉尾海燕
姬黑海燕 19cm
Oceanodroma monorhis
（單鼻孔*的遠渡大洋者）

大家
都長得
好像喔～

煙黑叉尾海燕
黑海燕 24.5cm
Oceanodroma matsudairae
（松平賴孝先生發現的遠渡大洋者）

15

*註：黑叉尾海燕的兩個鼻孔併在一起。

希臘神話中的太陽神之子費頓

幼鳥

神氣的
尾羽

這樣
有用嗎？

紅尾熱帶鳥
赤尾熱帶鳥 96cm
Phaethon rubricauda
（紅尾的太陽神之子費頓）

白尾熱帶鳥
白尾熱帶鳥 81cm
Phaethon lepturus
（細尾的費頓）

卷羽鵜鶘
灰色ペリカン 170cm
Pelecanus crispus

迷鳥

好重！

搬家
宅急便

白鵜鶘
桃色ペリカン 160cm
Pelecanus onocrotalus

迷鳥

唉呀

好多魚

啪
啪
啪

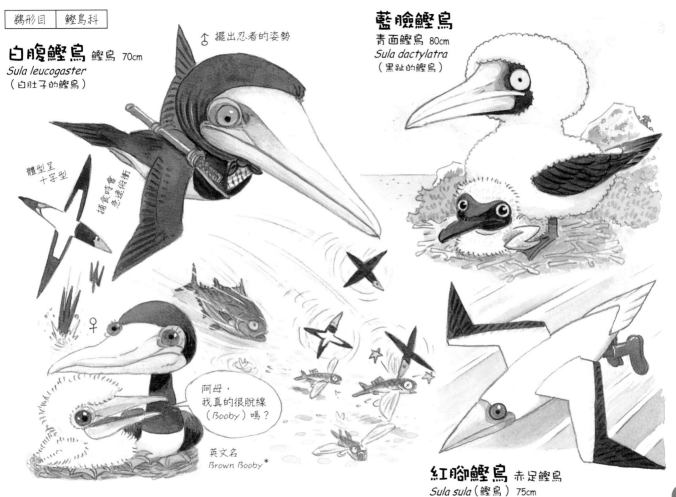

白腹鰹鳥 鰹鳥 70cm
Sula leucogaster
（白肚子的鰹鳥）

⬆ 擺出忍者的姿勢

體型呈十字型

捕食時會急速俯衝

藍臉鰹鳥
青面鰹鳥 80cm
Sula dactylatra
（黑趾的鰹鳥）

♀

阿母，
我真的很脫線
（Booby）嗎？

英文名
*Brown Booby**

紅腳鰹鳥 赤足鰹鳥
Sula sula（鰹鳥）75cm

＊註：Booby 在英文中有「脫線的人」的意思。

17

鵜形目 | 鸕鷀科

鸕鷀 河鵜 82cm
Phalacrocorax carbo
（黑色的禿頭烏鴉）

冬羽

夏羽
（婚姻色）

身體會
浸在水中

日本長良川的
鸕鷀捕魚法是用
丹氏鸕鷀，
不是鸕鷀。

經常可以看到
牠們做日光浴
（曬翅膀）

丹氏鸕鷀 海鵜 84cm
Phalacrocorax capillatus
（頭髮很長的禿頭烏鴉）←很矛盾取~~

嗚

冬羽

海鸕鷀 姬鵜 73cm
Phalacrocorax pelagicus
（遠洋的禿頭烏鴉）

夏羽

紅面鸕鷀
千島鵜烏 84cm
Phalacrocorax urile
（堪察加半島人都稱呼
這種鳥 urile）

夏羽

嗚，
頭髮睡得
好亂……

烏…烏鴉

18

鵜形目 | 軍艦鳥科

白斑軍艦鳥
小軍艦鳥 70~80cm
Fregata ariel
（在空中自由飛行的軍艦）

幼鳥

幼鳥

紅色的喉囊
會脹大，
進行求愛。

會追著其他海鳥飛來飛去，
讓牠把吃下去的魚，
吐出來後搶走。

颱風號
日本之旅

在日本
記錄到的
幾乎都是
亞成鳥

咦？

特別客串
燕子

軍艦鳥
大軍艦鳥 85~105cm
Fregata minor
（比較小的軍艦）

19

叫聲聽起來
像在吹瓶子

咻 咻

大麻鷺 三家五位 70cm
Botaurus stellaris
（有星斑的大麻鷺）

黃小鷺 葭五位 36.5cm
Ixobrychus sinensis
（中國的蘆笛吹奏者）

假裝
是蘆葦 ♀

♂

伸長～～

幼鳥

♂

♀

秋小鷺 大葭五位 39cm
Ixobrychus eurhythmus
（有節奏感的蘆笛吹奏者）

栗小鷺 40cm
琉球葭五位
*Ixobrychus
cinnamomeus*
（肉桂色的
蘆笛吹奏者）

迷鳥

黃頸黑鷺
高砂黑鷺 58cm
Ixobrychus flavicollis

麻鷺 溝五位 49cm
Gorsachius goisagi
（種小名是夜鷺的日文發音）

你臉色發青耶…身體
不舒服嗎？

假裝自己是樹枝↲

不…
不甘心…

幼鳥

幼鳥

黑冠麻鷺 頭黑溝五位 47cm
Gorsachius melanolophus
（有黑色冠羽的麻鷺）

夜鷺 五位鷺 57.5cm
Nycticorax nycticorax
（夜晚的烏鴉）

也叫做
星斑夜鷺喔！

21

綠蓑鷺 筮五位 52cm
Butorides striatus
（有縱紋、像大麻鷺的傢伙）

是釣魚大師，
會用小技條或葉片
引誘魚兒。

棕夜鷺 嘴大五位 60cm
Nycticorax caledonicus
（新喀里多尼亞的夜烏）

日本族群
已經滅絕了

幼鳥

變成
蘆葦的
綠蓑鷺

紅毛鷺鷥   夏羽

冬羽

池鷺
赤頭鷺 45cm
Ardeola bacchus
（酒神巴卡斯的小鷺鷥）

夏羽   冬羽

婚姻色

黃頭鷺
亞麻鷺（猩々鷺）
Bubulcus ibis
（牛朱鷺）50.5cm

22

大白鷺 大鷺 80~104cm
Egretta alba
（白色的鷺鷥）

夏羽

冬羽

婚姻色

茄子的婚姻色…

中白鷺 中鷺 68.5cm
Egretta intermedia
（中型的白鷺鷥）

夏羽

冬羽

婚姻色

小白鷺 小鷺 61cm
Egretta garzetta
（小的白鷺鷥）

哞！

婚姻色

夏羽

嘛

冬羽

23

唐白鷺
唐白鷺 65cm
Egretta eulophotes
（有真的冠羽的白鷺鷥）

雖然日文名是
黑鷺……

白色型

黑色型

岩鷺 黑鷺 62.5cm
Egretta sacra
（神聖的白鷺鷥）

中間型
（罕見）

在日本的
鷺鷥類中
體型最大

紫鷺 紫鷺 78.5cm
Ardea purpurea
（紫色的鷺鷥）

幼鳥

蒼鷺
蒼鷺 95cm
Ardea cinerea
（灰色的鷺鷥）

幼鳥

東方白鸛 鸛 112cm
Ciconia boyciana

白琵鷺 篦鷺 86cm
Platalea leucorodia
（像白鷺鷥的寬嘴傢伙）

球拍型的喙
非常獨特

熟了嗎？

幼鳥

黑鸛 鍋鸛
Ciconia nigra
（黑色的鸛）99cm

幼鳥

黑面琵鷺
黑面篦鷺 73.5cm
Platalea minor
（小的寬嘴傢伙）

朱鷺 朱鷺 76.5cm
Nipponia nippon
（日本）

冬羽

夏羽

在繁殖期會把
頭頸部分泌的
黑色素抹到身體上

黑頭白䴉 黑朱鷺 68cm
Threskiornis melanocephalus
（黑頭且受崇拜的鳥）

頭上沒有羽毛還黑黑的，
看起來有點可怕。

| 雁形目 | 雁鴨科 |

小加拿大雁
四十雀雁 60cm
Branta canadensis
（加拿大產、像在燒焦般
〔燒焦般？〕的鳥）

顏色和
白頰山雀
很像

黑雁 黑雁 61cm
Branta bernicla
（從藤壺中誕生、像燒焦的鳥）

幼鳥

26

灰雁
灰色雁 84cm
Anser anser
（雁）

小白額雁
雁 58.5cm
Anser erythropus
（紅腳的雁）

縮小？

幼鳥

幼鳥

幼鳥

黑

白

攪一攪混一混～

白額雁
真雁 72cm
Anser albifrons
（白額頭的雁）

豆雁 * 菱喰
Anser fabalis
（豆子雁）78~100cm

幼鳥

斑頭雁
インド雁 74cm
Anser indicus
（印度的雁）

迷鳥

27

＊註：原稱的豆雁已分成「寒林豆雁」與「凍原豆雁」，本圖較像寒林豆雁。

雪雁 白雁 67cm
Anser caerulescens
（青色的雁）

青色型（藍白雁）

白色型

幼鳥

帝王雁 帝雁 67.5cm
Anser canagicus
（卡納加島的雁）

迷鳥

迷鳥

禁丟垃圾

嗟

幼鳥

疣鼻天鵝
瘤白鳥 152cm
Cygnus olor
（天鵝）

黑嘴天鵝
鳴白鳥 150cm
Cygnus buccinator
（吹喇叭的天鵝）

鴻雁 酒面雁 87cm
Anser cygnoides
（像天鵝般的雁）

小天鵝 小白鳥
Cygnus columbianus
（北美哥倫比亞河的天鵝）
120cm

近年來在琉球群島的棲息狀態不明

尋找失鳥
樹鴨

發現牠的時候
請聯絡沖繩縣

樹鴨 琉球鴨 41cm
Dendrocygna javanica
（爪哇的樹棲天鵝）

醜小鴨
其實不是
白色

幼鳥

黃嘴天鵝
大白鳥 140cm
Cygnus cygnus
（天鵝）

瑜伽

瀆鳧
赤筑紫鴨 63.5cm
Tadorna ferruginea
（鐵鏽色的花鳧）

♂

♀

鳴～嗯

啊！

↑冬羽 ♂

↑夏羽 ♂

♀

花鳧
筑紫鴨 62.5cm
Tadorna tadorna
（花鳧）

駕鴦
駕鴦 45cm
Aix galericulata
（戴小帽子的有蹼鳥）

♂

在樹洞裡築巢

好難過～

♀

最喜歡殼斗科的果實 ♡

冠麻鴨
冠筑紫鴨 64cm
Tadorna cristata
（有冠羽的花鳧）

♂

♀

被認為
已經滅絕

↑點隱羽*

銀杏羽毛

*註：雁鴨類的雄性在繁殖期過後更換飛羽時，羽色會暫時變成像雌鳥般黯淡的顏色。

綠頭鴨 真鴨 59cm
Anas platyrhynchos
（寬嘴的鴨子）

頭看起來
有時是綠色，
有時是藍紫色。

♂

雁鴨的雌鳥顏色
都很低調……

♀

捲毛很可愛了

↑蝕羽
可不是
變性鳥喔

小水鴨 小鴨 37.5cm
Anas crecca
（叫聲是「咕哩！」的鴨子）

♀

臉像是戴了
面罩一樣

♂

巴鴨
巴鴨 40cm
Anas formosa *2
（美麗的雁鴨）

♂

♀

小心車子！

過馬路中

花嘴鴨
輕鴨 60.5cm
Anas poecilorhyncha *1
（嘴會變色的雁鴨）

*註1：花嘴鴨的學名已改為 *Anas zonorhyncha*。　*註2：巴鴨的學名已改為 *Sibirionetta formosa*。

31

羅文鴨
葦鴨 48cm
Anas falcate *
（鐮刀型翅膀的雁鴨）

頭上的拿破崙帽
好帥氣
↓

♀

赤膀鴨
丘葦鴨 50cm
Anas strepera *
（很吵的雁鴨）

酷酷的
鱗片紋
很有魅力
↓

♂

♂

♀

呀！

♀

葡萄胸鴨
アメリカ緋鳥 48cm
Anas americana *
（美國的雁鴨）

♂

♀

A
B
C

金色的頭
很醒目
→
♂

赤頸鴨
緋鳥鴨 48.5cm
Anas penelope *
（潘妮洛普〔神話中的織女〕的雁鴨）

32

＊註：本頁四種鴨子的屬名都已改為 *Mareca*。

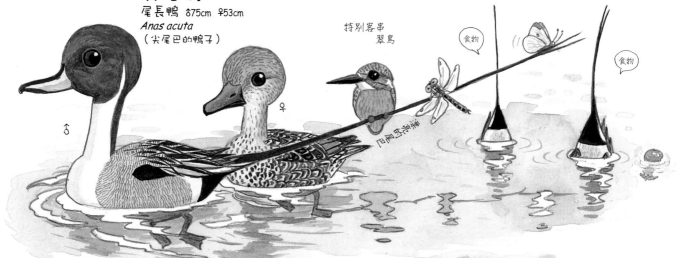

尖尾鴨
尾長鴨 ♂75cm ♀53cm
Anas acuta
（尖尾巴的鴨子）

特別客串
翠鳥

食物

♂

♀

翠鳥是翠綠色的

食物

食物

白眉鴨 縞味 38cm
Anas querquedula *
（雁鴨）

白眉毛
很醒目

肩羽
很美麗

♂

♀

藍翅鴨
三日月縞味 39cm
Anas discors

迷鳥

＊註：白眉鴨的屬名已改為 *Spatula*。

33

琵嘴鴨
嘴乞鴨 50cm
Anas clypeata [1]
（盾狀〔喙〕的雁鴨）

♂

扁平的喙部 ←

♀

♂ 次黯隱羽 [2]

赤嘴潛鴨
赤嘴羽白 55cm
Netta rufina
（帶點紅色的雁鴨）

紅色的喙部頗性感（？）

♀

♂

紅頭潛鴨
星羽白 45cm
Aythya ferina
（肉色的海鳥）

♀

♂

♀

♂

迷鳥

美洲潛鴨
アメリカ星羽白 49cm
Aythya americana
（美洲的海鳥）

34

＊註1：琵嘴鴨的屬名已改為*Spatula*。　＊註2：次黯隱羽是黯隱羽時期的一個階段。黯隱羽的說明參見第30頁。

帆背潛鴨
大星羽白 55cm
Aythya valisineria
（吃美洲苦草的海鳥）

♂ ♀

隆起龐克頭
震撼力十足！

環頸潛鴨
首輪金黑 40cm　　迷鳥
Aythya collaris
（頸部具特徵的海鳥）

♂ ♀

青頭潛鴨 赤羽白
Aythya baeri
（貝爾〔Baer〕的海鳥）
45cm

♀ ♂

辮子頭
很可愛
♀

啾
啾

綠繡眼*

咦？

白眼潛鴨
目白鴨 41cm
Aythya nyroca
（水鳥〔俗語〕）

迷鳥

鳳頭潛鴨
金黑羽白 40cm
Aythya fuligula
（喉像煤炭一樣黑的海鳥）

♂

金

有金色眼睛的黑白雁鴨

*註：綠繡眼的日文漢字名是「目白」。

斑背潛鴨

鈴鴨 45cm
Aythya marila
（背像燒剩的炭灰般的海鳥）

♂

哎鈴

哎鈴鈴
哎鈴鈴

♀

據說會發出像
鈴聲般的拍翅聲

♂

小潛鴨

小鈴鴨 42cm
Aythya affinis

♂

有點恐怖的臉

♂

♀

♂ 亞成鳥

♀

長像真的
很獨特
♂

小絨鴨

小毛綿鴨 45.5cm
Polysticta stelleri
（由斯泰爾〔Steller〕發現、有好多斑點的鳥）

王絨鴨 王綿鴨 56cm   迷鳥

Somateria spectabilis
（具綿綿羽毛且花紋醒目的鳥）

全身如你所見的黑，
除了像玉米般的
鼻子(?)以外……

♂

黑海番鴨
黑鴨 48cm
Melanitta nigra
（黑漆漆的雁鴨）

♀

斑臉海番鴨
天鵝絨全黑 55cm
Melanitta fusca
（暗色的雁鴨）

♀

反くヽ

♂

長得像看起來很凶狠

臉長得和車子一模一樣，真好玩。

♂

♀

斑頭海番鴨
荒波全黑 56cm
Melanitta perspicillata
（非常華麗的黑雁鴨）

身體的花紋像被蟲蛀過

丑鴨 晨鴨 43cm
Histrionicus histrionicus
（像演員的雁鴨）

♂

♀

長尾鴨 冰鴨 ♂60cm ♀38cm
Clangula hyemalis
（冬天出現且拍翅聲很大的傢伙）

不管再怎麼冷都沒關係啦！

還好嗎？ ♀

♂冬羽

♂夏羽

頭形很怪

迷鳥 ♀

噗叮！

巴氏鵲鴨
北頰白鴨 42~53cm
Bucephala islandica

鵲鴨
頰白鴨 45cm
Bucephala clangula
（拍翅聲很大且
頭像牛的傢伙）

♂

♀

這是草鵐 *1

綠色或紫色的閃亮頭部

白枕鵲鴨 姬羽白 35.5cm
Bucephala albeola
（白色的牛頭傢伙）

♂

♀

白秋沙 神子秋沙
Mergus albellus *2
（偏白色會
潛水的海鳥）
42cm

臉長得好像
貓熊喔！

又稱
貓熊鴨

♀

38

*註1：草鵐的日文名是「頰白」。　*註2：白秋沙的屬名已改為 *Mergellus*。

砰砰～轟

紅胸秋沙
海秋沙 55cm
Mergus serrator
（具有鋸狀喙緣的
潛水鳥）

♂

♀

♀

♂

噗哇一

呼

男生要
爽快乾脆

用的梗
一樣…

唰一

♂

♀

唐秋沙
高麗秋沙 57cm
Mergus squamatus
（有鱗片斑的潛水鳥）

川秋沙 川秋沙 65cm
Mergus merganser
（會潛水的雁）

會在草叢或樹洞裡築巢喔！

會急速下降捕魚

在空中飛翔的漁夫

哇！！

以水中的魚為獵食目標，日文名又稱「水探」。

魚鷹
鶚 ♂58cm ♀60cm
Pandion haliaetus
（雅典國王潘狄翁〔Pandion〕的海鵰）

蜂鷹 ♂57cm
♀61cm
八角鷹(蜂角鷹)
Pernis apivorus
（會吃蜂類的老鷹）

最愛吃蜂類

蜂鷹的羽色及花紋有非常多個體變異

咕嚕
咕嚕
咕咻
咻

迷鳥

黑翅鳶
肩黑鳶 31~35cm
Elanus caeruleus

會在高空飛行，所以日文名有「高飛」的意思。

會偷人類的食物，要小心。

我的便當……

黑鳶 鳶
♂59cm ♀69cm
Milvus migrans
（會遷徙的鳶）

白尾海鵰

尾白鷲 ♂84cm ♀94cm
Haliaeetus albicilla
（白尾的海鵰）

> 我的尾部不白啊～

> 兒子呀，想裹白相撲帶，你還太嫩啦！

亞成鳥

成鳥是橫條紋
♂

幼鳥是直條紋

要等到成為關取*後，才能裹上白相撲帶。

埼玉縣狹山湖的蒼鷹會襲擊烏鴉

蒼鷹

蒼鷹 ♂50cm ♀57cm
Accipiter gentilis
（高貴的鷹）

雄偉的嘴喙

好高

在表示身體大小時，常被形容成飛在空中的榻榻米……

日本松雀鷹

同樣是鷲鷹科的鳥類，大小怎麼差這麼多……

嗚

噗囉

要是喙很小的話……很怪！

虎頭海鵰 大鷲 ♂88cm ♀102cm 別名蝦夷鷲
Haliaeetus pelagicus
（遠洋的海鵰）

*註：「關取」是相撲力士的等級之一。達到關取等級的力士，才有資格裹上白相撲帶。

赤腹鷹
赤腹鷹 ♂30cm ♀33cm
Accipiter soloensis
（梭羅〔爪哇中部〕產的鷹）

雖說是赤腹，其實沒有很紅。→

真是個詭異的郵筒

一點也不紅～

♀

幼鳥

〒

不知道為什麼在日本松雀鷹的巢附近，總是看得到灰喜鵲……

給

日本松雀鷹 雀鷹

「雀」＋「鷹」＝「雀鷹」幼鳥

Accipiter gularis
（喉部具特色的鷹）

……這是指牠經常鳴叫的意思嗎？

藍灰色眼睛很漂亮 →

日本體型最小的鷹

♂ 27cm
♀ 30cm

♀

小歸小，鷹還是鷹

日本從前把雌鳥稱為「雀鷹」雄鳥稱為「小鷹」

雌雄鳥大小差很多 ♀

↑♂

幼鳥

日本在從前把雌鳥稱為「鷂」雄鳥稱為「このり」。

♂ 32cm
♀ 39cm

北雀鷹
鷂（灰鷹）
Accipiter nisus
（古希臘國王尼索斯〔Nisos〕變成的鷹）

中指很長

黑色的肚圍很醒目

好像很暖和的襪套（？）（長有羽毛）

毛足鵟
毛腳鵟 ♂ 56cm
♀ 59cm
Buteo lagopus
（有兔子腳的鵟）

42

好大隻

可以定點飛行

扇狀尾羽

像不倒翁的外型

鵟 ♂52c ♀57cm
Buteo buteo
（鵟）

「鵟」
為什麼會寫成
這樣呢？*

會在原野上滑翔，
所以日文名叫「ノスリ」，
別名「糞飛」。

大鵟
大鵟 ♂61cm ♀72cm
Buteo hemilasius
（腳的一半長了長毛的鵟）

幼鳥

鷹柱
…咦？

在遷徙時會整群一起飛行

暗色型
（藍灰面鵟鷹）

灰面鵟鷹
鵟鳩（差羽）♂47cm ♀51cm
Butastur indicus
（印度的鷹）

（紅灰面鵟鷹）

冠羽及眼睛
周圍的
深褐色紋
很有震撼力

寬廣的翅膀

熊鷹 ♂72cm ♀80cm
角鷹（熊鷹）
Spizaetus nipalensis
（尼泊爾的鷹）

43

*註：「鵟」的日文讀作ノスリ（nosuri），意指會在原野低飛擦過地面。

花鵰
樺太鷲 ♂68cm
♀70cm
Aquila clanga *
（吵鬧的鷲）

迷鳥

白肩鵰
幼鳥
肩白鷲 ♂78cm
♀83cm
Aquila heliaca
（太陽的鷲）

唔答

您辛苦了

草原鵰
草原鷲 ♂60~71cm
♀70~81cm
Aquila nipalensis
（尼泊爾的鷲）

幼鳥

是籠鳥逃出嗎？
迷鳥

個頭比虎頭海鵰小，
有點處於劣勢，
所以日文就叫作
「狗鷲」了。

幼鳥

每個人
都有煩惱……

烏鴉

金鵰 狗鷲 ♂81cm
♀89cm
Aquila chrysaetos
（金色的鷲）

禿鷲
黑禿鷲 102~112cm
Aegypius monachus
（修道僧的禿鷲）

生髮水

44

*註：花鵰的屬名已改為 *Clanga*。

大冠鷲
冠鷲 55cm
Spilornis cheela
（有斑點的鳥）

冠羽可以
收起來

幼鳥

灰澤鵟
灰色沼鵟
♂45cm
♀51cm
Circus cyaneus
（藍色的鷹）

黑手套

白腰

♀

♂

長腳

斑點

花澤鵟 斑沼鵟
♂43cm ♀46cm
Circus melanoleucos
（黑白色的鷹）

♀

澤鵟類的鳥是
以V字的
翼型滑翔

西方澤鵟
ヨーロッパ沼鵟
♂52cm
♀56cm
Circus aeruginosus
（藍綠色的鷹）

幼鳥
迷鳥

有不同顏色
的型態

♂

♀

♂

東方澤鵟
沼鵟
Circus spilonotus
♂48cm ♀58cm

據說因為
她在低空
飛行，所以
日文又名
「中飛」。

幼鳥

45

矛隼 白隼 ♂52cm ♀59cm
Falco rusticolus
（鄉下的隼）

俺是
住在北方的
鄉下隼

中間型

淡色型

我是
暗色型

體型
稍胖，
顏色也
很多樣。

遊隼 隼 ♂41cm ♀49cm
Falco peregrinus
（外地人的隼）

臉看起來
很神氣

幼鳥

急速俯衝捕捉獵物

成鳥是
橫條紋

遊隼

燕隼

收起翅膀
急速俯衝。
動作實在
太帥啦！

翅膀看起來
比遊隼的尖細

翅膀收起時比尾長

幼鳥沒
穿紅褐色長褲

掉了
掉了

紅褐色
長褲

燕隼
稚兒隼 34~35cm
Falco subbuteo
（和遊隼長得很像的隼）

灰背隼
小長元坊
♂29cm
♀33cm
Falco columbarius
（鴿子大小的隼）

♀

♂

淡橘色
外衣

迷鳥

黑色的身體
真帥氣 ♡

♀

紅色雨鞋

紅腳隼
赤腳長元坊 29cm
Falco amurensis

黃爪隼
姬長元坊
♂28cm
♀31cm
Falco naumanni

足部
美容

迷鳥

爪子是白色的

♂

♀
長得和紅隼的雌鳥
一模一樣

嗨呀
嗨呀

經常會在原處
拍翅停留
（定點飛行）

♀

♂

紅隼 長元坊
Falco tinnunculus
（叫聲尖銳的隼）
♂33cm
♀39cm

47

鶉雞目　松雞科

岩雷鳥 雷鳥 37cm
Lagopus mutus
（低聲鳴叫、腳像兔子的傢伙）

咕哇

好熱
好熱

♂

♀

夏

夏裝

冬裝

繁殖期的
肉冠好大 !!

保護色　冬

花尾榛雞
蝦夷雷鳥 36cm
Tetrastes bonasia
（叫聲像野牛的雷鳥）

這位大爺
有神氣的
鬍鬚 !!

♂

唉呀，
夫人也有
一點點……

♀

鶉雞目　雉科

鵪鶉 鶉 20cm
Coturnix japonica
（日本的鵪鶉）

這種體型還是
能飛

我的
孩子

♂　♀

48

竹雞 * 小綬雞 27cm
Bambusicola thoracica
（胸前有特徵、住在竹林的鳥）

雞狗乖

雞狗乖

結隊成群

這麼大聲，
在叫我們呢！

← 亞種
台灣竹雞

大多成群
躲在草叢中

日本的
國鳥

環頸雉 雄 ♂80cm
　　　　　♀60cm
Phasianus colchicus
（科爾吉斯地區的雉）

繁殖期時，
臉上的
紅色部位
會變大。

♂

給給

雌鳥的顏色很低調

♂125cm ♀55cm

短

♀

這種體型
還是能飛

咕答 咕答

銅長尾雉 山鳥
Syrmaticus soemmerringii
（以德國解剖學家索馬利〔Sömmerring〕
命名的拖曳〔尾巴〕者）

亞種 高麗環頸雉
也有人認為他們和棲息於
日本北海道及對馬地區的
環頸雉不同種

*註：台灣的竹雞已經提升為種，學名為 *Bambusicola sonorivox*。

49

棕三趾鶉 三斑鶉
Turnix suscitator
（叫聲會吵死人的鵪鶉）
14cm

啵喔

啵喔

三根腳趾

♀ 比雄鳥大

被老婆壓得
死死的

♂

雄鳥和雌鳥角色
逆轉。抱卵及育雛
是雄的工作。

灰鶴 黑鶴 114cm
Grus grus （鶴）

鶴都伸長
脖子飛行

雖然日文名叫黑鶴，
卻不是全黑的。

鷺是
彎著脖子
飛行

這不是尾羽，
是翅膀的
一部分。

丹頂鶴 丹頂 140cm
Grus japonensis
（日本的鶴）

頭上有顆
紅蘋果？

沒有
蘋果～

幼鳥

會吃魚

白頭鶴 鍋鶴 96.5cm
Grus monacha
（像修女般的鶴）

平底鍋鶴……咦？

幼鳥

白頭鶴和
灰鶴的雜交種

白枕鶴 真鶴
Grus vipio *1 127cm
（小型的鶴）

咕嚕嚕

沙丘鶴
カナダ鶴 95cm
Grus canadensis
（加拿大產的鶴）

幼鳥

雖然看起來全身
都是白色的……

…但翅膀一張開
就會看到黑色！

蓑羽鶴
姉羽鶴
Anthropoides
virgo
（像少女的鳥）
90cm

迷鳥

飛越過喜馬拉雅山脈
進行遷徙的
了不起傢伙

幼鳥

迷鳥

白鶴
袖黑鶴 135cm
Grus leucogeranus *2
（白色的鶴）

幼鳥

加油…呢

幼鳥

喜馬拉雅

51

*註1：白枕鶴的屬名已改為 Antigone。　*註2：白鶴的屬名已改為 Leucogeranus。

咕咕咕
咿咿咿

秧雞 水鶏 · 秧鶏
Rallus aquaticus *
（水的秧雞）29cm

雛鳥
黑漆漆的

大家好，
我是剛出
道的鳥。

沒辦法做
長距離飛行。

1981年
發現的
新種

1981年
製造

沖繩秧雞
山原秧鶏 30cm
Gallirallus okinawae
（沖繩的秧雞）

灰腳秧雞 大秧鶏 26cm
Rallina eurizonoides
（有寬帶子的秧雞）

明明比秧雞小，
為什麼叫作
大秧雞？

幼鳥

迷鳥

斑脇田雞
高麗秧鶏 22cm
Porzana paykullii

52

小秧雞 姬秧鷄
Porzana pusilla *1 19.5cm
（非常小的小秧雞）

還沒小到要用放大鏡看啦！

臉、肚子和腳
都是大紅色，
看起來好熱

能能燃燒

緋秧雞
緋秧鷄 22.5cm
Porzana fusca *1
（深色的小秧雞）

小心火燭

雛鳥

還好嗎？
媽媽

**北美
花田雞**
縞秧鷄 13cm
*Coturnicops
noveboracensis*

條紋

條紋

條紋

白眉秧雞
眉白秧鷄 20cm
Poliolimnas cinereus *2
（灰色的灰秧雞）

日本
疑似絕種

白腹秧雞
白腹秧鷄
*Amaurornis
phoenicurus*
（尾巴紫紅色的
暗色鳥）
32.5cm

*註1：小秧雞和緋秧雞的屬名已改為 *Zapornia*。　　*註2：白眉秧雞的學名已改為 *Amaurornis cinerea*。

紅冠水雞 鷭 32.5cm
Gallinula chloropus
（有綠色腳的小母雞）

← 紅色的額頭（額板）
很顯眼

夏羽

換冬羽時，
額板會變小

禿頭🐤

雛鳥

幼鳥

有長趾的
黃綠色腳，
看起來
有點恐怖。

游泳時，頭會
前後擺動。

董雞 鶴秧雞 36~43cm
Gallicrex cinerea
（灰色的雞）

夏羽
♂

冬羽

幼鳥

白冠雞 大鷭
Fulica atra
（煤黑色的鳥）39cm

← 趾上有瓣

鶴形目　鴇科

大鴇 野雁 ♂100cm ♀75cm
Otis tarda
（鴇）

迷鳥

神氣的白鬍鬚

雖然叫野雁，卻不是雁鴨類。

看起來很壯的腳

只有在九州被記錄過一次的迷鳥

像水手服的領口

小鴇 姬野雁
Tetrax tetrax
（像岩雷鳥般的鳥）
50cm

鴴形目　水雉科

金黃色的後頸

長——長的尾巴

冬羽　嗶嘶

水雉 蓮角 55cm
Hydrophasianus chirurgus
（腕骨的距像手術刀的水邊雉雞）

夏羽

超級長～～的趾頭啊～

鴴形目　彩鷸科

給我乖乖孵蛋！！

啪啦！

咯

雌鳥有鮮豔的羽色，也會爭奪領域。雄鳥負責抱卵、育雛。

雄鳥和雌鳥的角色逆轉

彩鷸 玉鷸 23.5cm
Rostratula benghalensis
（產於孟加拉、喙部彎曲的傢伙）

這情況和我們家很像啊～

♀

♂

55

蠣鴴
都鳥 45cm
*Haematopus
ostralegus*
（收集牡蠣、腳
紅似血的傢伙）

紅色的
雄偉喙部

最愛吃牡蠣

牡蠣鍋

英文名 Oyster Catcher
（捕捉牡蠣的名人〔鳥？〕）

從前被叫作
「都鳥」的
紅嘴鷗

小環頸鴴 小千鳥 16cm
Charadrius dubiusr
（可疑的鴴）

黃色
眼鏡

雛鳥

夏羽

冬羽時
喙部會
變黑

環頸鴴
羽白小千鳥
Charadrius hiaticula
（峽谷的鴴）19cm

劍鴴
桑鳾千鳥 20.5cm
Charadrius placidus
（安靜的鴴）

O嗶悠O嗶悠O嗶悠

桑鳾

東方環頸鴴 白千鳥 17.5cm
Charadrius alexandrinus
（亞歷山卓的鴴）

恰嗒 恰嗒
恰嗒 恰嗒

腳是黑的

蒙古鴴
目大千鳥 19.5cm
Charadrius mongolus
（蒙古的鴴）

夏羽

冬羽

鐵嘴鴴
大目大千鳥 21.5cm
Charadrius leschenaultii
（以法國博物學家萊斯全諾特
〔J. B. Leschenault〕命名的鴴）

夏羽

冬羽

喙和腳
都比蒙古鴴長

東方紅胸鴴
大千鳥 22.5cm
Charadrius asiaticus *
（跑得很快的鴴）

巨大千鳥

沒這麼大啦！

*註：東方紅胸鴴目前通用的學名為 *Charadrius veredus*。

57

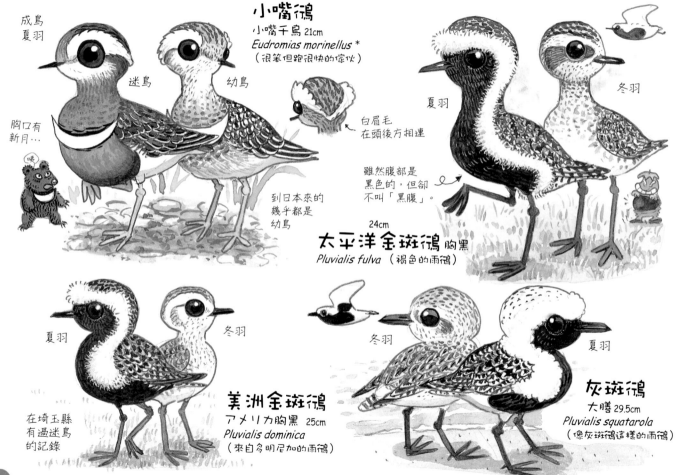

成鳥
夏羽

小嘴鴴
小嘴千鳥 21cm
Eudromias morinellus *
（很笨但跑很快的傢伙）

迷鳥

幼鳥

胸口有
新月…

（嘿）

白眉毛
在頭後方相連

到日本來的
幾乎都是
幼鳥

夏羽

冬羽

雖然腹部是
黑色的，但卻
不叫「黑腹」。

24cm
太平洋金斑鴴 胸黑
Pluvialis fulva （褐色的雨鴴）

夏羽

冬羽

冬羽

夏羽

在埼玉縣
有過迷鳥
的記錄

美洲金斑鴴
アメリカ胸黑 25cm
Pluvialis dominica
（來自多明尼加的雨鴴）

灰斑鴴
大膳 29.5cm
Pluvialis squatarola
（像灰斑鴴這樣的雨鴴）

*註：小嘴鴴目前通用的學名為 *Charadrius morinellus*。

K哩！

由於叫聲是「K哩」，所以日文名就叫「ケリ」（髻）。

不管怎麼說，這超級長的頭髮（冠羽）還是很帥～

發出美麗光彩的背與翅膀

閃閃發亮

由於牠會像貓一樣喵喵叫，所以日文名又叫「貓鳥」。

喵喵

變飄飄

跳鴴 雄 35.5cm
Vanellus cinereus
（灰色的小辮鴴）

小辮鴴 田鳧 31.5cm
Vanellus vanellus
（小辮鴴）

喵

| 鴴形目 | 鷸科 |

翻石鷸
京女鷸 22cm
Arenaria interpres
（會告知危險的砂地鳥）

英文名
Turnstone
（翻石頭的鳥）

耶

西濱鷸 姬浜鷸
Calidris mauri 16cm
（以植物學家莫里〔Mauri〕
命名、喙部像鶴嘴鋤的鳥）

夏羽

♂ 夏羽 ♀ 夏羽

有小小的蹼喔！

冬羽

59

小濱鷸
ヨーロッパ当年（西当年）14cm
Calidris minuta
（小型、喙部像鶴嘴鋤的鳥）

找來自西方，腿應該比較長。

夏羽

夏羽

冬羽

紅胸濱鷸 当年
15cm
Calidris ruficollis
（紅脖子、喙部像鶴嘴鋤的鳥）

不也才差一點點？

由於體型小，看起來像今年（當年）剛出生，所以日文名叫…當年。

冬羽

紅褐色的頭

夏羽

嗯……的確和我長得很像

雲雀

背上有個V字

冬羽

長趾濱鷸
雲雀鷸 14.5cm
Calidris subminuta
（體型偏小、喙部像鶴嘴鋤的鳥）

夾雜著黑色與橘色相間的羽毛

冬羽

夏羽

幼鳥

丹氏穉鷸
尾白当年
Calidris temminckii 14.5cm
（以鳥類學家丹明克〔Temminck〕命名、喙部像鶴嘴鋤的鳥）

大家看起來都好像啊～～

讓插畫家傷透腦筋的鷸和鴴（鳥友也在哭）

造成不便，真是對不起！

來日本的幾乎都是幼鳥

幼鳥

黑腰濱鷸 姬鶄鷸
Calidris bairdii 15.5cm
（以鳥類學家貝爾德〔Baird〕命名、喙部像鶴嘴鋤的鳥）

美洲尖尾鷸
アメリカ鶉鷸
Calidris 22cm
melanotos
（背部黑色、喙部像鶴嘴鋤的鳥）

尖尾濱鷸 鶉鷸 21.5cm
Calidris acuminata
（有尖尾，喙部像鶴嘴鋤的鳥）

夏羽

鶉鷸→

幼鳥

黑腹濱鷸 浜鷸
Calidris alpina 21cm
（在高山、喙部像鶴嘴鋤的鳥）

會集合
成一大群

幼鳥

夏羽

冬羽

岩濱鷸
千島鷸 21cm
Calidris ptilocnemis
（脛部長羽毛、
喙部像鶴嘴鋤的鳥）

冬羽

夏羽

夏羽

冬羽

冬羽

嗯？

幼鳥

大濱鷸 姥鷸 28.5cm
Calidris tenuirostris
（細細的喙像鶴嘴鋤的鳥）

夏羽

幼鳥

夏羽

彎嘴濱鷸
猿浜鷸 21.5cm
Calidris ferruginea
（身體鐵鏽色、喙部像
鶴嘴鋤的鳥）

夏羽

紅腹濱鷸 小姥鷸 24.5cm
Calidris canutus
（以丹麥國王克努特大帝
命名、喙部像鶴嘴鋤的鳥）

冬羽

蹦

迷鳥

三趾濱鷸 三趾鷸
Crocethia alba * 20cm
（身體白色、砂礫上的跑者）

迷鳥

高蹺濱鷸
腳長鷸 22cm
Micropalama himantopus
（腳像繩子，趾間帶點蹼的鳥）

62

＊註：三趾濱鷸的屬名已改為 *Calidris*。

各式各樣的流蘇圍巾

夏羽

這還真方便♡

這種形狀的喙

這種神氣好看的流蘇圍巾很罕見 ♂

♀夏羽

夏羽

冬羽

♂冬羽

琵嘴鷸 箆鷸 15cm
Eurynorhynchus pygmeus *
（小型的、喙部寬廣的鳥）

流蘇鷸 襟卷鷸 ♂32cm ♀25cm
Philomachus pugnax *
（好戰的鳥）

俺要不要當木匠呀？

夏羽

嘴喙前端微彎

冬羽

茄子

黃胸鷸
小紋鷸 20cm
Tryngites subruficollis *
（脖子帶點紅色的鷸）

這附近有細緻小花紋

迷鳥

寬嘴鷸
鍥合 17cm
Limicola falcinellus *
（嘴像鐮刀、住在泥地的鳥）

*註：本頁四種鳥的屬名都已改為 *Calidris*。

63

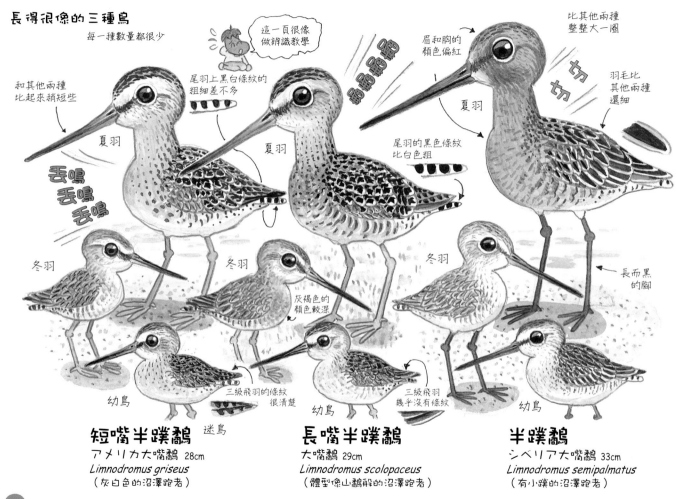

長得很像的三種鳥

每一種數量都很少

這一頁很像做辨識教學

和其他兩種比起來稍短些

夏羽

丟鳴丟鳴丟鳴

尾羽上黑白條紋的粗細差不多

夏羽

冬羽

幼鳥

三級飛羽的條紋很清楚

迷鳥

嗶嗶嗶嗶

灰褐色的顏色較深

冬羽

幼鳥

三級飛羽幾乎沒有條紋

比其他兩種整整大一圈

眉和胸的顏色偏紅

夏羽

羽毛比其他兩種還細

尾羽的黑色條紋比白色粗

冬羽

長而黑的腳

幼鳥

短嘴半蹼鷸
アメリカ大嘴鷸 28cm
Limnodromus griseus
（灰白色的沼澤跑者）

長嘴半蹼鷸
大嘴鷸 29cm
Limnodromus scolopaceus
（體型像山鷸般的沼澤跑者）

半蹼鷸
シベリア大嘴鷸 33cm
Limnodromus semipalmatus
（有小蹼的沼澤跑者）

赤足鷸 赤脚鹬
Tringa totanus（叫做 totano 的鷸*）
27.5cm

冬羽

啪答啪答

夏羽

RED

翅膀上的白色很醒目

鶴鷸 鹤鹬
32.5cm
Tringa erythropus
（紅腳的鷸）

細長的喙部

又焦又黑的烤雞？

夏羽

冬羽

唉喲喂呀

細細的嘴喙

夏羽

冬羽

小青足鷸
小青脚鹬 24.5cm
Tringa stagnatilis
（沼澤地的鷸）

腳很長

青足鷸 青脚鹬
Tringa nebularia
（像霧一般的鷸）33cm

稍微往上翹的喙部

雖然稱為青足，卻是灰色中帶點黃綠色。

夏羽

冬羽

青色

*註：「totano」是義大利人對赤足鷸的稱呼。

65

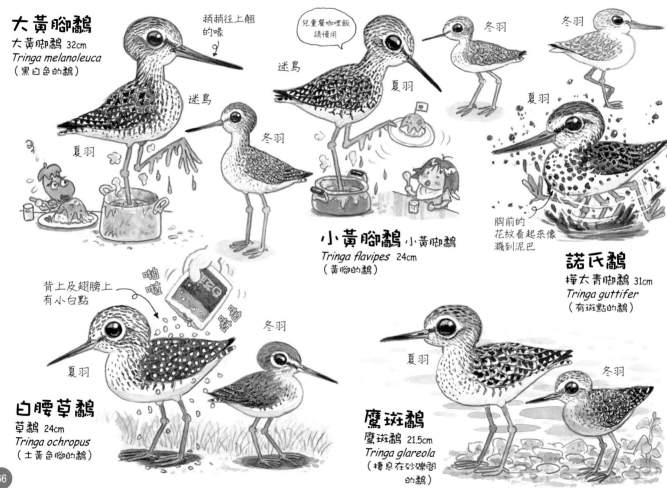

大黃腳鷸
大黃腳鷸 32cm
Tringa melanoleuca
（黑白色的鷸）

稍稍往上翹
的喙

兒童餐咖哩飯
請慢用

迷鳥

夏羽

冬羽

冬羽

冬羽

迷鳥

夏羽

冬羽

小黃腳鷸 小黃腳鷸
Tringa flavipes 24cm
（黃腳的鷸）

胸前的
花紋看起來像
濺到泥巴

諾氏鷸
樺太青腳鷸 31cm
Tringa guttifer
（有斑點的鷸）

背上及翅膀上
有小白點

夏羽

冬羽

夏羽

冬羽

白腰草鷸
草鷸 24cm
Tringa ochropus
（土黃色腳的鷸）

鷹斑鷸
鷹斑鷸 21.5cm
Tringa glareola
（棲息在砂礫間
的鷸）

匹匹匹

夏羽

冬羽

美洲黃足鷸
メリケン黃脚鷸
27.5cm
Heteroscelus incanus *
（淡灰色且腳長得與眾不同的鳥）

黃足鷸 黃脚鷸 25.5cm
Heteroscelus brevipes *
（腳又短又怪的鳥）

匹咿 匹咿

夏羽

幼鳥

磯鷸 磯鷸 20cm
Actitis hypoleucos
（白肚子的海邊鳥）

搖來
搖去

好會搖
屁股喔!!

反嘴鷸 反嘴鷸
Xenus cinereus
（灰色的外來者）
23cm

嘿…嘿

黑尾鷸
尾黑鷸 38.5cm
Limosa limosa
（泥灘地的鳥）

尾の黑

墨斗

67

*註：美洲黃足鷸和黃足鷸的屬名都已改為 *Tringa*。

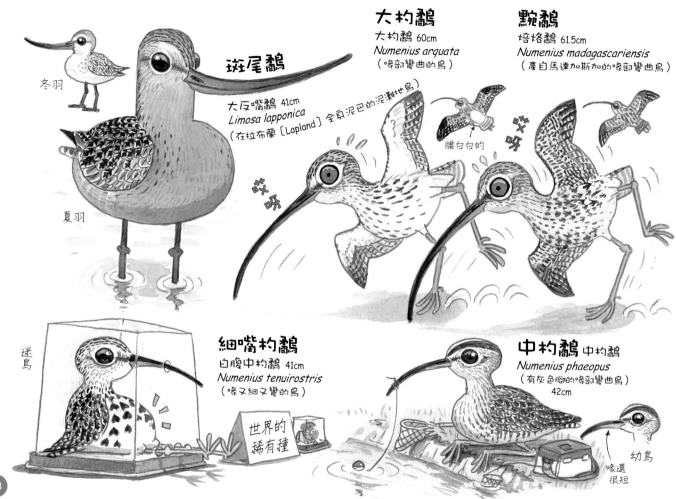

大杓鷸
大杓鷸 60cm
Numenius arquata
（喙部彎曲的鳥）

黦鷸
培烙鷸 61.5cm
Numenius madagascariensis
（產自馬達加斯加的喙部彎曲鳥）

斑尾鷸

大反嘴鷸 41cm
Limosa lapponica
（在拉布蘭〔Lapland〕全身泥巴的泥灘世鳥）

冬羽

夏羽

哎呀

哎呀

腰白白的

細嘴杓鷸
白腹中杓鷸 41cm
Numenius tenuirostris
（喙又細又彎的鳥）

中杓鷸 中杓鷸
Numenius phaeopus
（有灰色腳的喙部彎曲鳥）
42cm

迷鳥

世界的
稀有種

幼鳥

喙還
很短

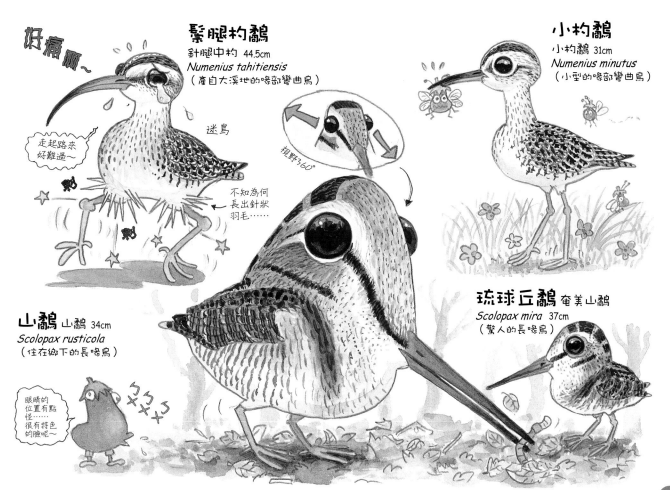

好癢啊～

髮腿杓鷸
針腿中杓 44.5cm
Numenius tahitiensis
（產自大溪地的喙部彎曲鳥）

迷鳥

走起路來
好難過～

不知為何
長出針狀
羽毛……

小杓鷸
小杓鷸 31cm
Numenius minutus
（小型的喙部彎曲鳥）

視野360°

琉球丘鷸 奄美山鷸
Scolopax mira 37cm
（驚人的長喙鳥）

山鷸 山鷸 34cm
Scolopax rusticola
（住在鄉下的長喙鳥）

眼睛的
位置有點
怪……
很有特色
的臉呢～

ZZZ
×××

尾羽通常有
14根

田鷸 田鷸 26cm
Gallinago gallinago
（長得像雞的鳥）

針尾鷸 針尾鷸 26cm
Gallinago stenura
（窄尾且像雞的鳥）

這裡是
針尾

尾羽通常
是26根

中地鷸 中地鷸 28cm
Gallinago megala
（大型且像雞的鳥）

尾羽通常
是20根

好難認
啊～

孤沙錐 青鷸 30cm
Gallinago solitaria
（個性孤獨且像雞的鳥）

唰唰唰唰

尾羽通常
有18根

急速俯衝時，
翅膀劃過空氣的
聲音很大，
像打雷一樣。

大地鷸 大地鷸
31cm
Gallinago hardwickii
（哈德維克〔Hardwicke〕採集到像雞的鳥）

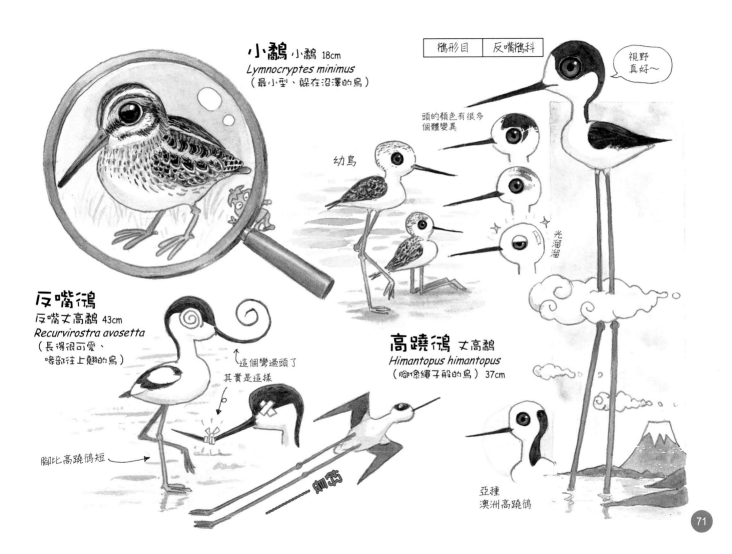

小鷸 小鷸 18cm
Lymnocryptes minimus
（最小型、躲在沼澤的鳥）

反嘴鷸科
鴴形目

視野真好～

頭的顏色有很多個體變異

幼鳥

光溜溜

反嘴鷸
反嘴長高蹺 43cm
Recurvirostra avosetta
（長得很可愛、
　　喙部往上翹的鳥）

這個彎過頭了

其實是這樣

腳比高蹺鷸短

高蹺鷸 女高蹺
Himantopus himantopus
（腳像繩子般的鳥） 37cm

亞種
澳洲高蹺鷸

71

咕嚕咕嚕

冬羽

在水面咕嚕咕嚕
旋轉游泳覓食

這通常是有鰭動物
才做得到的動作

灰瓣足鷸 灰色鷸足鷸 22cm
Phalaropus fulicarius
（腳像白冠雞的瓣足鳥）

♀夏羽

低調

♂夏羽

因為腳的
特殊構造
而得名

瓣足鷸類的母鳥顏色比公鳥鮮豔，
孵蛋育雛也是公鳥的工作。

紅領瓣足鷸
赤襟鷸足鷸 19cm
Phalaropus lobatus
（腳旁有葉狀蹼的瓣足鳥）

♀夏羽

♂夏羽

冬羽

赤斑瓣足鷸
アメリカ鷸足鳥 24cm
Phalaropus tricolor
（三色的瓣足鳥）

♀夏羽

迷鳥

♂夏羽

燕鴴 燕千鳥 24.5cm
Glareola maldivarum
（馬爾地夫的砂礫地小鳥）

銳利的眼神

確實長得很像…
不過腳的長度
有差

家燕

冬羽

夏羽

幼鳥

72

搶到了

給我　給我

深色型

淺色型

奇怪的尾部

嗚啊

會襲擊
其他鳥類
奪取食物

這裡是
扭曲的

灰賊鷗
大盜賊鷗 53cm
Catharacta maccormicki *

中賊鷗
盜賊鷗 72cm
Stercorarius pomarinus *
（鼻子有遮蓋物的臭鳥）

深色型

淺色型

短尾賊鷗 黑盜賊鷗
Stercorarius parasiticus * 57cm
（寄生性的臭鳥）

長尾賊鷗
白腹盜賊鷗 47cm
Stercorarius longicaudus *
（長尾的臭鳥）

＊註：本頁四種賊鷗的屬名都已改為 *Stercorarius*。

漁鷗
大頭黑鷗 65.5cm
Larus ichthyaetus *1

夏羽

冬羽

冬羽

夏羽

迷鳥

弗氏鷗
アメリカ頭黑鷗 36cm
Larus pipixcan *2

小鷗 姬鷗 26cm
Larus minutus 3
（小型海鷗）

夏羽

冬羽

迷鳥

冬羽

迷鳥

一齡冬羽

夏羽

小黑頭鷗
ボナパルト鷗 34cm
Larus philadelphia *4
（費城的海鷗）

*註 1：漁鷗的屬名已改為 *Ichthyaetus*。　*註 2：弗氏鷗的屬名已改為 *Leucophaeus*。　*註 3：小鷗的屬名已改為 *Hydrocoloeus*。　*註 4：小黑頭鷗的屬名已改為 *Chroicocephalus*。

雖然外型可愛，但成群活動、脾氣很硬，而且是雜食性，簡直和烏鴉沒兩樣。

夏羽

迷鳥

肚子
粉紅色 ♀

細嘴鷗 嘴細鷗 43cm
Larus genei *

我是披著
海鷗皮的
烏鴉

冬羽

一齡
冬羽

紅嘴鷗
百合鷗 41cm
Larus ridibundus *
（叫聲像笑聲的海鷗）

幼鳥

一齡冬羽

冬羽

小黑背鷗
西背黑鷗 61.5cm
Larus fuscus
（深色海鷗）

75

＊註：紅嘴鷗和細嘴鷗的屬名已改為 *Chroicocephalus*。

銀鷗
背黑鷗 61cm
Larus argentatus
（銀色海鷗）

冬羽

夏羽
雪白色

幼鳥

三齡冬羽

黃腳銀鷗
黃足背黑鷗 62cm
Larus cachinnans
（會大笑的海鷗）

鳥如其名，腳是
黃色，不過也有些
是粉紅色。

夏羽

牠的背比
銀鷗的黑

冬羽

二齡
冬羽

灰背鷗
大背黑鷗 61.5cm
Larus schistisagus
（披著灰斗篷的海鷗）

冬羽

一齡
冬羽

夏羽

戟鳥

灰翅鷗 鼇鷗 64cm
Larus glaucescens
（暗灰色的海鷗）

76

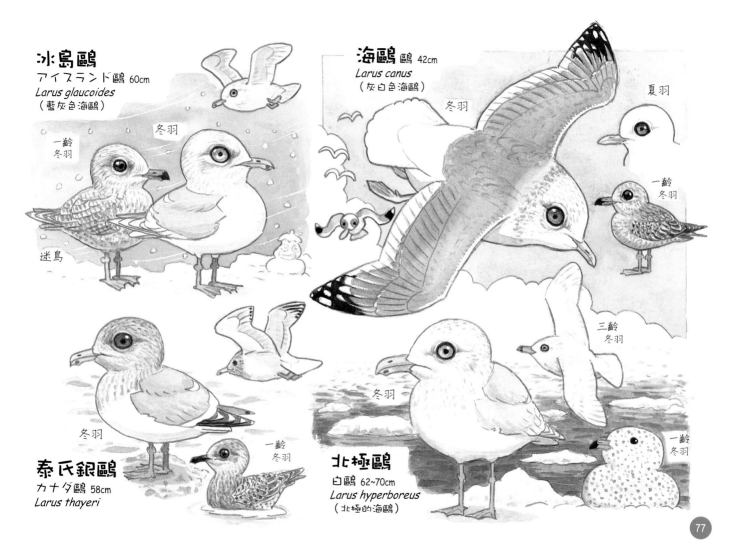

冰島鷗
アイスランド鷗 60cm
Larus glaucoides
（藍灰色海鷗）

冬羽

一齡
冬羽

迷鳥

海鷗 鷗 42cm
Larus canus
（灰白色海鷗）

冬羽

夏羽

一齡
冬羽

三齡
冬羽

冬羽

泰氏銀鷗
カナダ鷗 58cm
Larus thayeri

冬羽

一齡
冬羽

北極鷗
白鷗 62~70cm
Larus hyperboreus
（北極的海鷗）

一齡
冬羽

77

黑尾鷗 海貓 45cm
Larus crassirostris
（喙部很粗的海鷗）

冬羽

喵喵

喵

一齡
冬羽

黑嘴鷗
頭黑鷗 31.5cm
Larus saundersi *1
（以博物學家桑德斯〔Saunders〕命名的海鷗）

冬羽

夏羽

一齡
冬羽

冬羽

夏羽

一齡
冬羽

迷鳥

遺鷗
ゴビ頭巾鷗 44cm
Larus relictus *2
（殘存的海鷗）

凹型的尾

夏羽

冬羽

幼鳥

迷鳥

叉尾鷗 首輪鷗
Xema sabini 34.5cm

78

＊註1：黑嘴鷗的屬名已改為 *Saundersilarus*。　＊註2：遺鷗的屬名已改為 *Ichthyaetus*。

冬羽

夏羽

歡迎
光臨

一齡冬羽

後趾非常小

三趾鷗 三趾鷗 41cm
Rissa tridactyla
（三根趾頭的三趾鷗類）

尾羽很尖

夏羽

一齡
冬羽

冬羽

胸部和腹部
的粉紅色
很漂亮

楔尾鷗
姬首輪鷗 31cm
Rhodostethia rosea
（胸部玫瑰色的鳥）

嗚…
這個梗
剛用過…♪

歡迎回來，
老公。

冬羽

夏羽

一齡
冬羽

迷鳥

紅腿三趾鷗
赤足三趾鷗 37.5cm
Rissa brevirostris
（喙部短的三趾鷗類）

一齡
冬羽

迷鳥

白鷗
象牙鷗 42.5cm
Pagophila eburnea
（象牙色的愛冰者）

黑色部分真的
剛好佔一半

夏羽

白翅黑燕鷗
羽白黑腹鰺刺 25cm
Chlidonias leucopterus
（翅膀白色的燕子鳥）

嘻嘻嘻

夏羽

雖然肚子黑黑，
卻不是黑心像伙。

夏羽

冬羽

冬羽

黑腹燕鷗
黑腹鰺刺 26cm
Chlidonias hybridus
（混種的燕子鳥）

冬羽

雄偉的喙部

裏海燕鷗
鬼鰺刺 52.5cm
Hydroprogne caspia
（裏海的水棲性燕子）

冬羽

黑浮鷗
嘴黑黑腹鰺刺 25.5cm
Chlidonias niger
（黑色的燕子鳥）

夏羽

迷鳥

夏羽

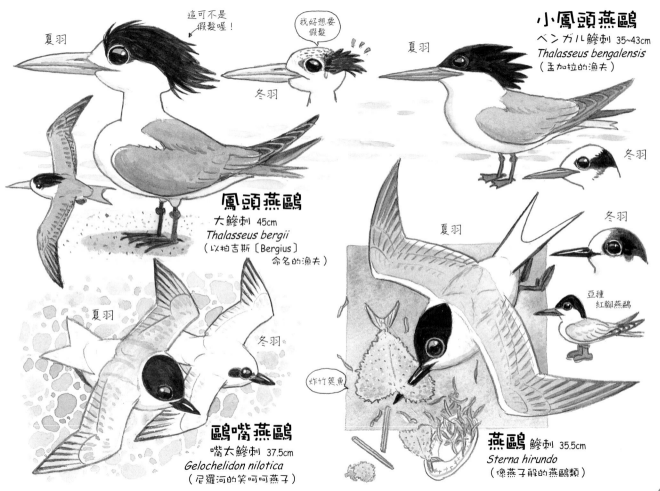

夏羽

這可不是
假髮喔！

我好想要
假髮

冬羽

鳳頭燕鷗
大鯵刺 45cm
Thalasseus bergii
（以柏吉斯〔Bergius〕
命名的漁夫）

小鳳頭燕鷗
ベンガル鯵刺 35~43cm
Thalasseus bengalensis
（孟加拉的漁夫）

夏羽

冬羽

夏羽

冬羽

亞種
紅腳燕鷗

夏羽

冬羽

鷗嘴燕鷗
嘴大鯵刺 37.5cm
Gelochelidon nilotica
（尼羅河的笑呵呵燕子）

炸竹筴魚

燕鷗 鯵刺 35.5cm
Sterna hirundo
（像燕子般的燕鷗類）

夏羽

從北極到
南極，
是世界第一的旅鳥。

一齡夏羽

迷鳥

比多

北極燕鷗
極鰺刺 39cm
Sterna paradisaea
（樂園的燕鷗類）

紅燕鷗
紅鰺刺 35cm
Sterna dougallii
（以道格〔Dougall〕
命名的燕鷗類）

嗒嗒嗒嗒

即使是夏羽，也有喙部幾乎
全黑或全紅的個體差異。

我該
不會根本不是
紅燕鷗吧～

冬羽　　　夏羽

不要笑
我喔

蒼燕鷗
襟黑鰺刺 31cm
Sterna sumatrana
（蘇門答臘的燕鷗類）

幼鳥

白腰燕鷗
腰白鰺刺 33cm
Sterna aleutica *
（阿留申群島的燕鷗類）

*註：白腰燕鷗的學名已改為 *Onychoprion aleuticus*。

迷鳥

白眉燕鷗
眉白鰺刺 36cm
Sterna anaethetus [1]
（愚魯的燕鷗類）

灰背燕鷗　白眉燕鷗　烏領燕鷗

烏領燕鷗
幼鳥

灰背燕鷗
南洋眉白鰺刺 38cm
Sterna lunata [1]
（有半月形翅膀的燕鷗類）

小燕鷗
小鰺刺 25cm
Sterna albifrons [2]
（白額頭的燕鷗類）

烏領燕鷗
背黑鰺刺 40.5cm
Sterna fuscata [1]
（深色的燕鷗類）

冬羽

幼鳥

夏羽

83

＊註1：灰背燕鷗、白眉燕鷗和烏領燕鷗的屬名已改為 *Onychoprion*。　　＊註2：小燕鷗的屬名已改為 *Sternula*。

白燕鷗 白鰺刺 27.5cm
Gygis alba
（白色水鳥）

玄燕鷗 黑鰺刺 40cm
Anous stolidus
（愚笨的笨鳥…因為完全沒有警戒心）

咕哼咕哼

咕哼咕哼

咕嘖

迷鳥

藍灰燕鷗
灰色鰺刺 26cm
Procelsterna cerulea
（藍色的暴風雨燕鷗）

小黑燕鷗
姬黑鰺刺 36cm
Anous minutus
（小的笨鳥）

84

鴴形目 | 海雀科

短翅小海雀
姬海雀 19cm
Alle alle

嗚 嗚

小小的翅膀配上
滾圓的身體,
虧牠還飛得起來～

← 很小的喙部

↖ 咦,
沒有
脖子嗎?

迷鳥

崖海鴉
海烏 43cm
Uria aalge
(稱為海烏的水鳥)

叫聲是喔囉囉,
所以日文名又稱為
喔囉囉鳥。

喔囉囉

夏羽

冬羽

根本就是企鵝嘛

白色八字鬍
好神氣

大海
好寬喔

啾啾

呱呱
呵呵

夏羽

冬羽

夏羽

冬羽

厚嘴海鴉
嘴大海烏 43cm
Uria lomvia
(水鳥中的巨嘴鴉)

海鴿 海鳩 33cm
Cepphus columba
(像鴿子的海烏)

眼睛周圍的形狀看起來像
白色蝌蚪，好有趣。

夏羽

白眶海鴿
海鷗 37cm
Cepphus carbo
（黑炭般的海鳥）

冬羽

斑海雀
斑海雀 24.5cm
Brachyramphus marmoratus
（有大理石花紋的短喙鳥）

日文稱為
「ケイマフリ」
是源於愛奴語中
的kema（腳）
和fure（紅）

紅色的腳很醒目

夏羽

小巧可愛的喙

冬羽

白色眉毛(？)
和顎鬚(？)
刮掉後會變年輕

扁嘴海雀
海雀 25.5cm
Synthliboramphus antiquus
（古老的喙部側扁鳥）

夏羽

冬羽

冠海雀
冠海雀 24cm
Synthliboramphus wumizusume
（日文名叫做wumizusume
〔是umisuzume（海雀）的筆誤〕
的喙部側扁鳥）

86

冠小海雀
捉捉海雀 24cm
Aethia cristatella
（有小冠羽的海鳥）

神氣的翹髮辮
橘色的嘴巴好可愛
夏羽
嘎·嘎
冬羽
長像真是獨特

鬍海雀
白鬚海雀 17cm
Aethia pygmaea
（像侏儒般的海鳥）

這副白鬍鬚實在非常帥氣
夏羽
冬羽
迷鳥

小海雀
小海雀 15cm
Aethia pusilla
（非常小的海鳥）

冬羽
夏羽
在日本的海雀類中體型最小，尺寸和麻雀差不多。

白腹小海鸚
海鸚鴒 23cm
Aethia psittacula
（像小鸚鴒的海鳥）

夏羽
喙長得像柿子的種子
好嬌小
冬羽
柿子種子

這個角是啥玩意？

大豐收

夏羽

角嘴海雀 善知鳥 37.5cm
Cerorhinca monocerata
（喙上有一支角的鳥）

真清爽！！

冬羽

不論哪一種
都長得很
亮眼呢～

鳥如其名，
在眼睛上有角……

夏羽

不論
哪一種
都有雄偉
的喙部

日文名源自
愛奴語的
Eto（喙部）及
Pirika（美麗）

簇海鸚
花魁鳥 39cm
Lunda cirrhata
（有捲毛的海鸚）

夏羽

冬羽

冬羽

看起來像是戴
面罩的摔角選手

角海鸚
角目鳥 37.5cm
Fratercula corniculata
（長有小角的修士）

鴿形目　沙雞科

♂

迷鳥

能夠把水貯存在腹部羽毛上，帶回去給雛鳥喝。

♀

長了毛的腳

毛腿沙雞
沙雞 37.5cm
Syrrhaptes paradoxus
（出乎意料的縫合〔趾頭〕的鳥）

鴿形目　鳩鴿科

歐鴿
姬森鳩 33cm
Columba oenas
（鴿子）

迷鳥

黑林鴿
烏鳩 40cm
Columba janthina
（紫色的鴿子）

滅絕了嗎？

1936年最後一筆發現記錄

1889年最後一筆發現記錄

滅絕了嗎？

琉球林鴿
琉球烏鳩 45cm
Columba jouyi
（以玖伊〔Jouy〕命名的鴿子）

小笠原林鴿
小笠原烏鳩 45cm
Columba versicolor
（會變色的鴿子）

灰斑鳩 白子鳩 32.5cm
Streptopelia decaocto
（叫聲聽起來像 deca-oc-to
〔拉丁文為 10-8 的意思〕、
頸部有飾帶的鴿子）

只分布在關東地區以
埼玉縣越谷市為中心的
部分區域

埼玉縣越谷市

ㄉㄟˇ
ㄉㄟˇ

咕咕

身體形狀和
地瓜還真像

日本地瓜 36 號鳩？

雌鳥長得和
灰斑鳩有點像

♂
♀

噗
有時也會
嚇成任發

紅鳩 紅鳩 22.5cm
Streptopelia tranquebarica
（印度特蘭奎巴的
戴項鍊鴿子）

由於身上的鱗片
花紋和雌雄雞很
像，所以日文名
稱為「雉鳩」。

金背鳩 雉鳩 33cm
Streptopelia orientalis
（東方的戴項鍊鴿子）
別名山斑鳩

近來即使
有人靠近也
不太在乎

是茄子
最喜歡的
鳥喔！

90

忍不住會做這樣的想像

翠翼鳩
金鳩 25cm
Chalcophaps indica
（印度的銅色鴿子）

日文名叫「金鳩」，
因為背部及覆羽
是帶金屬光澤的綠色。

什麼？只有
銅牌……

♀

♂

吸 吸

綠鳩
青（綠）鳩 33cm
Sphenurus sieboldii *1
（以博物學家希博德〔Siebold〕
醫師命名、有楔形尾的鳥）

為了
補充鹽分
而喝海水

♀

哈嘿
哈嘿

紅頭綠鳩
頭赤青（綠）鳩 35cm
Sphenurus formosae *1
（台灣的楔形尾鳥）

不必了，
謝謝！

請用

SALT

不喝鹽水

雖然日本這個亞種
名叫紅頭，
頭的顏色卻不紅。

台灣的紅頭綠鳩
頭部帶點紅色

♂

台灣的紅頭綠鳩

| 鵑形目 | 杜鵑科 |

啾——呼嘿
呼嘿

啾——
呼嘿

幼鳥

北方鷹鵑
十一（慈悲心鳥）32cm
Cuculus fugax *2
（速度很快的杜鵑）

因為叫聲聽起來像
日文的「十一」，
所以日文名叫
「十一」。

91

*註1：綠鳩及紅頭綠鳩的屬名已改為 *Treron*。　　*註2：北方鷹鵑有分類變遷，日本族群的學名現為 *Hierococcyx hyperythrus*。

*註1：北方中杜鵑有分類變遷，日本族群的學名現為 *Cuculus optatus*。　*註2：小杜鵑叫聲像在說日文的「特許許可局」(Tokkyo-kyo-ka-kyoku)，也就是專利局。

冠郭公
冠郭公 45cm
Clamator coromandus
（在印度東岸科羅曼德爾
海岸的喊叫鳥）

神氣的頭冠

迷鳥

雄偉的尾部

番鵑 蕃鵑 38cm
Centropus bengalensis

迷鳥

後趾的爪子很長

雪鴞
白鴞 60cm
Nyctea scandiaca
（斯堪地那維亞的夜之鳥）

根本就是雪人嘛

最愛吃的旅鼠

雖然看起來像
耳朵，但不是
真的耳朵。

叫聲變成
牠的學名

鵰鴞
鷲木菟 66cm
Bubo bubo
（會呵呵叫的雕鴞）

長耳鴞
虎斑木菟 35~40cm
Asio otus
（角鴞）

我最喜歡吃魚 ♥

毛腿魚鴞
島梟 70cm
Ketupa blakistoni
（以博物學家布雷基斯頓
〔Blakiston〕命名的魚鴞）

小小的耳朵（耳羽）

雛鳥

在日本的貓頭鷹中
體型最大

比東方角鴞
大一點，
顏色比較深。

叫聲像在說日文
的「佛法僧」，
但牠不是
佛法僧喔。

紅葉？

也有
紅色型喔

東方角鴞
木葉木菟 19~22cm
Otus scops *
（像枯葉的角鴞）

蘭嶼角鴞
琉球木葉木菟
Otus elegans
（優雅的角鴞）

短耳鴞
小耳木菟 35~41cm
Asio flammeus
（火焰色的耳鴞）

＊註：此鳥種有分類變遷，日本的族群名為「東方角鴞」，學名為 *Otus sunia*。

異他領角鴞
大木葉木菟 23.5~26cm
Otus lempiji *

紅色眼睛
深具魅力

鬼鴞
金目梟 25cm
Aegolius funereus
（不吉利的
貓頭鷹）

和樹同化了

圓滾滾的
眼珠
超可愛

咕嚕 咕嚕

可以自由
轉動的頭

雛鳥

褐鷹鴞
青葉木菟 27~30.5cm
Ninox scutulata *
（花紋黑白相間的鷹鴞）

雛鳥

長尾
林鴞
梟 48~52cm
Strix uralensis
（俄羅斯烏拉山的貓頭鷹）

＊註：異他領角鴞有分類變遷，日本的族群應為「日本領角鴞」，學名 *Otus semitorques*。褐鷹鴞目前通用的學名為 *Ninox japonica*。

鴞形目 草鴞科

草鴞
南仮面鴞 35cm
Tyto capensis *1

像面具般的臉
看起來有點可怕

迷鳥

夜鷹目 夜鷹科

普通夜鷹 夜鷹 29cm
Caprimulgus indicus
（印度會擠山羊乳的鳥）

和樹木融
為一體

雖然
喉部小，
嘴張開
卻很大。

啊

雨燕目 雨燕科

好害羞呀

短嘴金絲燕
ヒマラヤ穴燕
13~14cm
Collocalia brevirostris *2

屁股（腰部）
是白色的

迷鳥

鐮刀般
的翅膀
好帥！

小雨燕
姬雨燕 13cm
Apus affinis *3
（和叉尾雨燕很像的鳥）

雨燕類的鳥一生中
的時間大多在空中
度過，極少用到的
腳很短。

叉尾雨燕
雨燕 20cm
Apus pacificus
（太平洋的無足鳥）

鳥如
其名，
尾上有針

白喉針尾雨燕
針尾雨燕 21cm
Hirundapus caudacutus
（尾部很尖的雨燕）

96

＊註1：草鴞目前通用的學名為 *Tyto longimembris*。　＊註2：短嘴金絲燕的學名已改為 *Aerodramus brevirostris*。　＊註3：小雨燕的學名已改為 *Apus nipalensis*。

佛法僧目 | 翠鳥科

山翡翠
山翡翠 37.5cm
Ceryle lugubris
（叫聲悲悽的翠鳥）

恰啦　恰啦

爆炸頭

頭好大
好可愛♡

正面

迷鳥

蒼翡翠
青翡翠 28cm
Halcyon smyrnensis

藍色的背
非常美麗

鳥友心中
嚮往的鳥

真是時髦
的鳥啊～

黑頭翡翠
山翡翠 28cm
Halcyon pileata
（戴帽子的翠鳥）

黑頭翡翠和山翡翠
的日文漢字名都是
「山翡翠」

咻
唰唰

赤翡翠
赤翡翠 27.5cm
Halcyon coromanda
（印度科羅曼德爾海岸的翡翠）

腰部有藍色寶石…✧

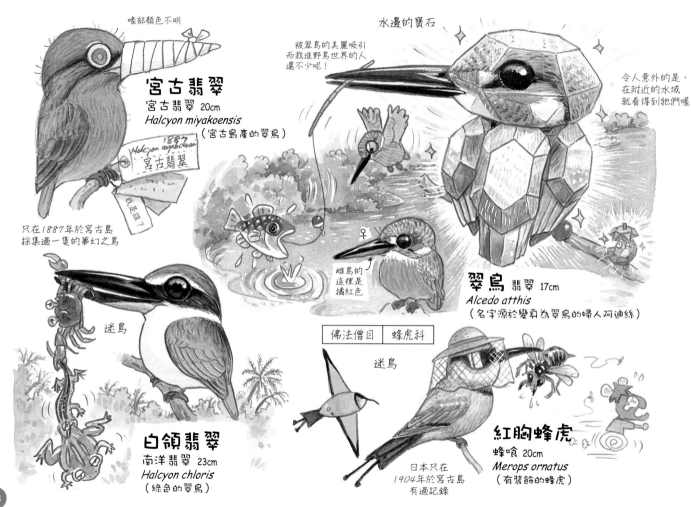

喉部顏色不明

水邊的寶石

被翠鳥的美麗吸引
而栽進野鳥世界的人
還不少呢！

令人意外的是，
在附近的水域
就看得到牠們喔

宮古翡翠
宮古翡翠 20cm
Halcyon miyakoensis
（宮古島產的翠鳥）

1887
Halcyon miyakoensis
宮古翡翠

我是誰？

只在1887年於宮古島
採集過一隻的夢幻之鳥

♀

雌鳥的
這裡是
橘紅色

翠鳥 翡翠 17cm
Alcedo atthis
（名字源於變身為翠鳥的婦人阿迪絲）

迷鳥

| 佛法僧目 | 蜂虎科 |

迷鳥

白領翡翠
南洋翡翠 23cm
Halcyon chloris
（綠色的翠鳥）

紅胸蜂虎
蜂喰 20cm
Merops ornatus
（有裝飾的蜂虎）

日本只在
1904年於宮古島
有過記錄

佛法僧目 | 佛法僧科

叫聲聽起來像「佛法僧」的鳥，其實是東方角鴞*。

給、給

一磅汪爭

哮啵啵 哮啵啵

翅膀上的白斑很醒目

身體會因光線與角度而呈現藍或綠色

佛法僧
仏法僧 29.5cm
Eurystomus orientalis
（東洋的闊嘴鳥）

戴勝
戴勝（八頭）26cm
Upupa epops
（戴勝）

啪啪 答答

酷炫的髮型(?)

收起來後變這樣

輕飄飄

鴷形目 | 啄木鳥科

吸吸—

地啄木 蟻吸 17.5cm
Jynx torquilla
（扭轉小頭的地啄木）

看起來不像啄木鳥的啄木鳥，最愛吃螞蟻。

叩 叩

♂ ♀

是日本特有種喔

日本綠啄木
綠啄木鳥 29cm
Picus awokera
（名為綠啄木的啄木鳥）

99

*註：日本人過去以為佛法僧這種鳥的叫聲是日文的「佛法僧」，到 1930 年代才知道發出這種叫聲的是東方角鴞。

♂
雖然和日本綠啄木很像，
不過腹部沒有黑斑。

♀

綠啄木
山啄木鳥 29.5cm
Picus canus
（灰白色啄木鳥）

只分布於沖繩本島
的日本特有種

♂

很擔心牠們
快滅絕了

♀

沖繩啄木鳥
野口啄木鳥 31cm
Sapheopipo noguchii
（野口先生的獨特啄木鳥）

♂

叩
｜
叩

♀

黑啄木鳥 熊啄木鳥 45.5cm
Dryocopus martius
（羅馬戰神瑪爾斯〔Mars〕的啄木鳥）

♂

♀

在日本自
1920年採集
紀錄後，
就不曾有過
確認紀錄。

白腹黑啄木 木啄 46cm
Dryocopus javensis
（爪哇產的啄木鳥）

幼鳥

背上有白色V字型特徵

大斑啄木鳥

赤啄木鳥 23.5cm

Dendrocopos major

（大型會啄木頭的鳥）

♂

♀

大赤啄木

大赤啄木鳥 28cm

Dendrocopos leucotos

（白耳朵、會啄木頭的鳥）

在背上有白背包（？）

小斑啄木鳥

小赤啄木鳥 16cm

Dendrocopos minor

（小型會啄木頭的鳥）

♂

♀

♀

♂

雄鳥頭後部的紅點不容易看見

近年來在日本的市區也常可看到

和麻雀差不多大的啄木鳥

如名字所示

三根趾頭

只在北海道有幾筆少少的記錄

三趾啄木鳥

三趾啄木鳥 22cm

Picoides tridactylus

（三根趾頭的啄木鳥）

小星頭啄木鳥

小啄木鳥 15cm

Dendrocopos kizuki

（最初採集地在日本九州大分縣杵築〔Kizuki〕的啄木頭鳥）

（又或者是星啄木鳥的日文音 Kitsutsuki 的誤記？）

啵啵嘿～

真的有八種
顏色嗎？

八色鳥
八色鳥 18cm
Pitta brachyura [1]
（短尾的八色鶇）

色彩鮮豔的鳥

尾巴短

色彩鮮豔的鳥

迷鳥

二斑百靈
首輪告天子 16.5cm
Melanocorypha bimaculata
（有兩塊斑的黑頭鳥）

迷鳥

綠胸八色鶇
頭黑八色鳥 25cm
Pitta sordida
（髒髒的八色鶇）

賽氏短趾百靈
姬告天子 14cm
Calandrella cinerea [2]
（灰色的小型百靈鳥）

三級飛羽很長，
把初級飛羽
都遮住了。

百靈鳥類的
後趾爪子
都很長

亞洲短趾百靈
小雲雀 14cm
Calandrella cheleensis

雖然和大短趾百靈很像，
但看得見初級飛羽。

＊註1：八色鳥目前通用的學名為 *Pitta nympha*。　＊註2：賽氏短趾百靈目前通用的學名是 *Clandrella dukhunensis*。

嘻一啤叺
啤一啤叺

歐亞雲雀 雲雀 17cm
Alauda arvensis
（田野的偉大歌唱家）

把冠羽收起來後，
感覺很清爽。

有看起來像角的冠羽

角百靈
浜雲雀 16cm
Eremophila alpestris
（高山的喜好孤獨者）

燕雀目	燕科

小小的
領帶
好可愛

會在土崖
上掘巢

灰沙燕
小洞燕 12.5cm
Riparia riparia
（在河岸很多的鳥）

鱗片般的
花紋很
漂亮

洋燕
琉球燕 13cm
Hirundo tahitica
（大溪地的燕子）

會為了要捕蟲吃或喝水而緊靠水面飛行……

嗚

金腰燕
腰赤燕 18.5cm
Hirundo daurica
（貝加爾湖東邊道理亞〔Dauria〕地區的燕子）

紅色肚圍

既吃蟲又吃土，好酷！

家燕 燕 17cm
Hirundo rustica
（鄉下的燕子）

| 燕雀目 | 鶺鴒科 |

打開尾部就看得見白斑

腳上長著白色的羽毛

腰部白色（有穿肚圍？）

集合住宅？

會左右擺動尾部

東方毛腳燕
岩燕 13cm
Delichon urbica *
（都市的燕子）

人面鳥（？）

山鶺鴒
岩見鶺鴒 15.5cm
Dendronanthus indicus
（印度的樹上鶺鴒）

＊註：東方毛腳燕目前通用的學名為 *Delichon dasypus*。

東方黃鶺鴒
不長鶺鴒 16.5cm
Motacilla flava *
（黃色的不停擺動尾部者）

鮮豔的黃色

♀

有很多
亞種喔

黃眉黃鶺鴒

白眉黃鶺鴒

黃頭鶺鴒
黃頭鶺鴒 16.5cm
Motacilla citreola
（檸檬黃的不停擺動尾部者）

灰頭黃鶺鴒

藍頭黃鶺鴒

白鶺鴒
白鶺鴒 21cm
Motacilla alba
（白色的不停擺動尾部者）

亞成鳥

亞種
灰背眼紋白鶺鴒

黑背白面白鶺鴒

灰背白面白鶺鴒

灰鶺鴒
黃鶺鴒 20cm
Motacilla cinerea
（灰色的不停擺動尾部者）

↑夏羽

↑冬羽

你想打
一架嗎？

啾

啾

♀

攻擊
自己的鏡中
倒影

會在車站前的大樓霓虹燈後築巢

105

日本鶺鴒
背黑鶺鴒 21cm
Motacilla grandis
（體形大的不停擺動尾部者）

喳喳 喳喳

雖然長得像白鶺鴒，
不過臉上花紋不同。

啾啾 啾啾　嘰嘰 嘰嘰

白鶺鴒
白底黑線

日本鶺鴒
黑底白線

鶺鴒這一類的飛行路線都是
大波浪形

幼鳥

白背鷚
背白田雲雀 14.5cm
Anthus gustavi
（以發現這種鳥的古斯塔夫
〔Gustavus〕命名）

WHITE

大花鷚
眉白田雲雀 18cm
Anthus novaeseelandiae *
（紐西蘭的鶺鴒）

嗶悠
嗶悠

94%
縮小

布萊氏鷚
小眉白田雲雀 16.5cm
Anthus godlewskii
（以高盧斯基
〔Godlewskii〕
命名的鶺鴒）

啾
啾

這裡
短短的

縮小

古垣

哈～啦～咕咕

種田的雲雀(?)

*註：大花鷚目前通用的學名為 *Anthus richardi*。

林鷚
ヨーロッパ便追 15cm
Anthus trivialis
（普通的鷚鴒）

迷鳥

草地鷚 牧場田雲雀 14cm
Anthus pratensis
（草原的鷚鴒）

迷鳥

樹鷚 便追 15.5cm
Anthus hodgsoni
（以哈吉森〔Hodgson〕命名的鷚鴒）

赤喉鷚
胸赤田雲雀 15cm
Anthus cervinus
（顏色像鹿的鷚鴒）

冬羽

夏羽
← 胸和臉是紅色的

淺色型

深色型

黃腹鷚
田雲雀 16cm
Anthus spinoletta *
（小型的鷚鴒）

冬羽

夏羽

*註：黃腹鷚目前通用的學名為 *Anthus rubescens*。

107

黑翅山椒鳥
朝倉山椒喰 23.5cm
Coracina melaschistos *
（黑色和灰色長得像烏鴉的鳥）

全身沾滿灰（？）的身體

咳 咳 咳

↑♂

♀

迷鳥

嘻哩哩哩~ 喀啦

像是吃到麻辣花椒時發出的聲音

灰山椒鳥
山椒喰 20cm
Pericrocotus divaricatus
（尾部分叉的深番紅花色的鳥）

南方的灰喉山椒鳥是番紅花色

♀

纖細的身材真讓人羨慕

↑♂

琉球山椒鳥
（亞種）

嘻 嘻 嘻 嘻 嘻 嘻 嘻

一頭蓬鬆亂髮及茶褐色臉頰

空中接球

巧克力
巧克力
巧克力
♪ 巧克力

啪

白色的頭會變大！

白頭翁
白頭 18.5cm
Pycnonotus sinensis
（屬於中國的背部厚重鳥）

茄子最近也變白頭翁啦！

棕耳鵯
鵯 27.5cm
Hypsipetes amaurotis
（有深色耳朵會飛很高的鳥）

有尖翹鱗片紋的尾下覆羽很漂亮

吵死啦

到處都是，人氣不太旺？

*註：黑翅山椒鳥的學名已改為 *Lalage melaschistos*。

看起來兇惡
可怕的臉

♀

把獵物插在樹技上吃的伯勞
（串燒？）

♂

黑道
小子

連小鳥也
抓得到

伯勞類的鳥
常擺動尾部

♂

虎紋伯勞
稚現百舌 18.5cm
Lanius tigrinus
（有虎紋的屠殺者）

♀

謹告
敬啟者 *

ㄌㄌㄌ

秋天的季節詩
伯勞的高歌

亞種
灰頭紅尾伯勞

紅尾伯勞 赤百舌 20cm
Lanius cristatus
（有冠羽的屠殺者）

紅頭伯勞 百舌 20cm
Lanius bucephalus
（有牛頭的屠殺者）

牠們擅於摸仿許多
鳥類叫聲，所以
被稱為百舌。

牠在學找
叫耶！

草鵐

109

＊註：草鵐的叫聲聽起來像在說日文的「謹告敬啟者」（音：Ippitsu-kei-jou fukamafuri）。

棕背伯勞
高砂百舌 25cm
Lanius schach

迷鳥

迷鳥

苦
吶
苦
吶

荒漠伯勞
オリイ百舌 17~19cm
Lanius isabellinus

燕雀目 ｜ 連雀科

黃連雀
黃連雀 19.5cm
Bombycilla garrulus
（會嘎嘎叫的尾部像絲絹般的鳥）

次級飛羽的前端
有紅色的
蠟狀突起

甲羧

黏黏的
槲寄生種子會從
糞便中排出

喂，
你到底是
灰伯勞還是
「大尾」伯勞啊？

體型好大
……

楔尾伯勞
大唐百舌 31cm
Lanius sphenocercus
（有楔形尾的
屠殺者）

甲羧

灰伯勞
大百舌 24.5cm
Lanius excubitor
（替人看哨把風的屠殺者）

真可惜，要是有藍色的，
就能排成信號燈了…＊

朱連雀
緋連雀 17.5cm
Bombycilla japonica
（日本尾部像絲絹般的鳥）

110

＊註：日本的交通信號燈三色分別是「藍黃紅」，不過也有「綠黃紅」的組合。

燕雀目 ｜ 河烏科

河烏 河烏 22cm
Cinclus pallasii
（以帕拉斯〔Pallas〕命名、
會揮動尾部的鳥）

找到了！

幼鳥

可以在水裡走路喔！

烏鴉

雖然體型很小，
叫聲可是
很大呢！

高湯用 紅味噌

味噌蝶蝶*

嗯？

鷦鷯 燕雀目
鷦鷯 10.5cm 鷦鷯科
Troglodytes troglodytes
（會鑽進洞裡者）

燕雀目 ｜ 岩鷚科

嗶哩哩

最喜歡岩石多的山 ♡

棕眉山岩鷚
山雲雀 14cm
Prunella montanella
（山裡小型的褐色鳥）

岩鷚
岩雲雀 18cm
Prunella collaris
（頸部有特徵的褐色小鳥）

生性
害羞

日本特有種

紅岩鷚
茅潜 14cm
Prunella rubida
（紅褐色的小鳥）

*註：鷦鷯的日文名讀做 Miso-sazai，聽起來和日文的味噌（Miso）及蠑螺（Sazae）很像。

111

找是知更鳥

迷鳥

歐亞鴝
ヨロッパ駒鳥 14cm
Erithacus rubecula
（又紅又小的知更鳥）

嗯？

嘻～咿～咿～

日本歌鴝 駒鳥 14cm
Erithacus akahige *
（稱為赤鬚〔akahige，即琉球歌鴝〕
的知更鳥……和駒鳥〔komadori〕
弄反了）

叫聲和馬很像，
所以日文名叫
「駒鳥」。

骨碌碌的眼睛
非常可愛 ♡

咿～咿～咿～嘻

難道只有我聽到
「赤鬚」時會想到「醫生」？

♀ ♂

鱗片紋的
背心看起來
好像很暖和

琉球歌鴝 赤鬚 14cm
Erithacus komadori *
（稱為駒鳥〔komadori，即日本歌鴝〕的知更鳥……和赤鬚〔akahige〕弄反了）

紅尾歌鴝
島駒 13cm
Luscinia sibilans *
（會嘽嘽叫的歌鴝）

112

*註：日本歌鴝、琉球歌鴝和紅尾歌鴝的屬名已改為 *Larvivora*。

紅色的圍兜很醒目

無
沒有紅圍兜

有些雌鳥喉部也帶點紅色

日本國旗

野鴝 野駒 15.5cm
Luscinia calliope *1
（像繆斯女神卡麗歐佩〔Calliope〕般有著美妙歌喉的鴝鳥）

很華麗的項鍊
給我啦

藍喉鴝 小川駒鳥 15cm
Luscinia svecica
（瑞典的歌鴝）

很低調的雌鳥

深藍色與白色的對比非常美麗

藍歌鴝 小瑠璃 14cm
Luscinia cyane *2
（變成深藍色泉水的水精靈仙雅妮〔Cyane〕的歌鴝）

嘻嘻咕咕

小小的尾和骨碌碌的眼睛，好可愛

體側的橘色及尾部的藍色是牠的特徵

茄子鴝？

藍尾鴝 瑠璃鶲 14cm
Tarsiger cyanurus
（有藍尾的細長腳的鳥）

＊註1：野鴝的屬名已改為 Calliope。　＊註2：藍歌鴝的屬名已改為 Larvivora。

鳴

♂

迷鳥

赭紅尾鴝
黑常鶲 15cm
Phoenicurus ochruros

♀

紅尾鴝
白額常鶲 15cm
Phoenicurus phoenicurus
（紅尾巴的鳥）

迷鳥

♂

迷鳥

♂

迷鳥
♀

白斑黑石鵙
黑野鶲 14cm
Saxicola caprata

♀

嘻嘻喀喀

翅膀上有醒目
白斑，日文又稱
紋付*1鳥。

日文別名
「揹糰子」

哎喲喂呀

滴答

唉呀呀，你的口水…

♂ 夏羽

♀

橘色的
圍兜

♂ 冬羽

黃尾鴝
常鶲 14cm
Phoenicurus auroreus
（破曉女神奧羅拉
〔Aurora〕的紅尾鳥）

黑喉鴝
野鶲 13cm
Saxicola torquata *2
（戴首飾的住在岩石者）

114

＊註1：「紋付」意指在背後、雙肩、兩袖上繡或印有家紋的日本男性和服外套。　＊註2：黑喉鴝的學名已改為 *Saxicola maurus*。

灰叢鴝
山崎鴝 15cm
Saxicola ferrea

迷鳥

♀

♂

沙鴝
因幡鴝 16cm
Oenanthe isabellina
（灰黃色、在葡萄開花時出現的鳥）

迷鳥

♂

迷鳥

♀

迷鳥

迷鳥
好棒♥

穗鴝
嘴黑鴝 14.5cm
Oenanthe oenanthe
（在葡萄開花時出現的鳥）

白頂鴝
背黑砂漠鴝 14.5cm
Oenanthe pleschanka

♂

♀

迷鳥

♂

漠鴝
砂漠鴝 14.5cm
Oenanthe deserti
（住沙漠中、葡萄開花時出現的鳥）

迷鳥

♀

迷鳥

♂

♀

背部
白色
（麻糬？）

白背磯鶇
腰白磯鶇 19cm
Monticola saxatilis
（岩場的山棲鳥）

115

藍磯鶇
磯鶇 25.5cm
Monticola solitarius
（個性孤獨的山棲鳥）

歌聲很美妙喔

嗶一咻咻
嘩一咻咻

♂

♀

我沒有生病啦！

全身發青的亞種藍腹藍磯鶇
迷鳥

♂ 藍色帽子很時髦

♀

迷鳥

白喉磯鶇
姬磯鶇 18.5cm
Monticola gularis
（喉部有特徵的山棲鳥）

嘻嗒嘻嗒

在夜間會發出陰森可怕的叫聲。
這就是日本傳說的怪獸「鵺」真正的叫聲。

全身皆是鱗片狀花紋

白氏地鶇
虎鶇 29.5cm
Zoothera dauma *
（名為 dauma〔孟加拉人稱呼虎鶇〕的一種獵捕動物者）

小笠原地鶇
小笠原畫眉鳥
Cichlopasser terrestris

比鶇稍小一點點

自1828年的採集紀錄後就不曾被看到過，據信已絕種。

116

*註：白氏地鶇的學名現為 *Zoothera aurea*。

鳥如其名，
有雄偉的白眉。

♂

白眉地鶇
眉白 23.5cm
Turdus sibiricus
（西伯利亞的鶇）

♀

♂　　　　　♀

灰背鶇
唐赤腹 23cm
Turdus hortulorum
（庭院裡的鶇）

叫囉

叫囉

♂

♀

灰鶇
黑鶇 21.5cm
Turdus cardis
（以薊命名的鶇）

迷鳥

黑鶇
黑歌鳥 28cm
Turdus merula

呃

卡蜜

♂

很像赤腹鶇

♀

日本特有種

伊島鶇
赤鶇（島赤腹）23cm
Turdus celaenops
（黑臉的鶇）

117

赤腹鶇
赤腹 23.5cm
Turdus chrysolaus
（金色的鶇）

赤 ♂

白 ♀

白腹鶇
白腹 24cm
Turdus pallidus
（淺色的鶇）

紅白雙色
真開心

♀

♂

顏色並
沒有非常白

白眉鶇
眉茶翼 21.5cm
Turdus obscurus
（顏色暗淡的鶇）

♂

♀

時尚圍兜

赤頸鶇亞種

♂

♀

♂

迷鳥

赤頸鶇
喉黑鶇 24cm

Turdus ruficollis
（紅頸的鶇）

抬頭挺胸
姿勢端正

立正

斑點鶇 鶇 24cm
Turdus naumanni
（以鳥類學家瑙曼〔Naumann〕命名的鶇）

亞種紅尾鶇是
紅色的

原野
真好 ♥

田鶇
野原鶇 25.5cm
Turdus pilaris
（鶇）

迷鳥

迷鳥

歐歌鶇
歌鶇 23cm
Turdus philomelos

喜歡檞寄生
的果實

迷鳥

迷鳥

白眉歌鶇
脇赤鶇 20cm
Turdus iliacus
（在腹側具有特徵的鶇）

檞鶇 寄生木鶇 27cm
Turdus viscivorus

119

燕雀目　畫眉科

有鬍鬚從眼後延伸出來

♂　♀

迷鳥

眼影都花了…

紋鬍雀
鬍雀 16.5cm
Panurus biarmicus
（有鬍鬚、尾巴過長的鳥）

粉紅鸚嘴
達磨柄長 12cm
Paradoxornis webbianus

嘻哩嘻哩嘻哩

很像蟲的叫聲

燕雀目　鶯科

短尾鶯
藪雨 10.5cm
Urosphena squameiceps

尾巴短

ㄏㄡㄎㄟㄎㄟㄎㄟㄏㄡ

日本樹鶯
鶯 14～15.5cm
Cettia diphone *1
（二種音色，以塞提〔Cetti〕命名的鳥）

明明是帶點灰的綠褐色，卻常被錯認為綠繡眼。

我是綠繡眼

喉部會鼓起

啾苦啾苦啾苦

邊飛邊叫→

斑背大尾鶯
大雪加 13cm
Locustella pryeri *2
（以普瑞爾〔Preyer〕命名、蝗蟲般的小小鳴唱者）

120

＊註1：日本樹鶯的學名現為 *Hororornis diphone*。　　＊註2：斑背大尾鶯目前通用的學名為 *Megalurus pryeri*。

拖瓶卡到了嗎？

小蝗鶯 シベリア仙入 13cm
Locustella certhiola

迷鳥

啾啾啾啾嚕嚕啾嚕

要把蝗鶯類的鳥畫到能分辨出不同還真難

蒼眉蝗鶯 蝦夷仙入 18cm
Locustella fasciolata
（帶有斑紋、像蝗蟲般的小小鳴唱者）

矛斑蝗鶯 牧野仙入 12cm
Locustella lanceolata
（具有矛尖狀斑、像蝗蟲般的小小鳴唱者）

北蝗鶯 島仙入 15.5~17cm
Locustella ochotensis
（產於鄂霍次克像蝗蟲般的小小鳴唱者）

嗶哩哩哩哩嗶哩

在蝗鶯類中體型最小

叫聲和蟲很像喔

喉部、胸及尾巴都比北蝗鶯長

牠們的

ㄍㄧㄉㄧㄍㄧㄉㄧㄉㄧㄍㄧ

史氏蝗鶯 內山仙入 15.5~17cm
Locustella pleskei

雙眉葦鶯 小薩切 13.5cm
Acrocephalus bistrigiceps
（有兩條斑紋的尖頭鳥）

稻田葦鶯
稻田葭切 14cm
Acrocephalus agricola
（農夫的尖頭鳥）

迷鳥

厚嘴葦鶯
嘴大大葭切 20cm
Acrocephalus aedon [1]
（希臘神話中歌姬的尖頭鳥）

迷鳥

較粗的喙

細紋葦鶯
背筋小葭切 12~13cm
Acrocephalus sorghophilus

不論白天
夜晚都
大聲鳴叫

歐亞柳鶯
北柳蟲喰 12cm
Phylloscopus trochilus

迷鳥

東方大葦鶯
大葭切 18.5cm
Acrocephalus arundinaceus [2]
（蘆葦叢的尖頭鳥）

白喉林鶯
小喉白蟲喰 13cm
Sylvia curruca

＊註1：厚嘴葦鶯的學名現為 *Iduna aedon*。　＊註2：東方大葦鶯目前通用的學名為 *Acrocephalus orientalis*。

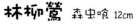

七恰呼呼 七呼恰呼

日文名源於這種叫聲

迷鳥

嘰喳柳鶯 チフチャフ 11cm
Phylloscopus collybita
（兌幣商的葉子觀察者）

為了找蟲會一直看葉子
牠們的叫聲和數銅板的聲音很像

林柳鶯 森虫喰 12cm
Phylloscopus sibilatrix
（會吹笛子的葉子觀察者）

迷鳥

黃腹柳鶯
黃腹虫喰 11cm
Phylloscopus affinis
（跟葉子觀察者有關的鳥）

迷鳥

巨嘴柳鶯
樺太無地雪加 13cm
Phylloscopus schwarzi

喉比較粗

褐色柳鶯 無地雪加 11cm
Phylloscopus fuscatus
（深色的葉子觀察者）

恰恰 恰恰 嗶嗶嗶 嗶

邊飛邊唱

嘴裡是黑色的

再開一點

棕扇尾鶯 雪加 12.5cm
Cisticola juncidis
（蘆草的灌木棲息者）

①**黃眉柳鶯** 黃眉虫喰 10.5cm
Phylloscopus inornatus
（沒有裝飾的葉子觀察者）

②**黃腰柳鶯** 樺太虫喰 10cm
Phylloscopus proregulus
（和戴菊鳥相似的葉子觀察者）

③**極北柳鶯**
目細虫喰 13cm
Phylloscopus borealis[1]
（北方的葉子觀察者）

④**暗綠柳鶯** 柳虫喰 9.5~11cm
Phylloscopus trochiloides[2]
（和歐亞柳鶯相近的葉子觀察者）

⑤**庫頁島柳鶯** 蝦夷虫喰 11.5cm
Phylloscopus borealoides
（和極北柳鶯很像的葉子觀察者）

⑥**冠羽柳鶯**
仙台虫喰 12.5cm
Phylloscopus coronatus
（有冠的葉子觀察者）

⑦**飯島柳鶯**
飯島虫喰 11.5cm
Phylloscopus ijimae
（以動物學家飯島魁命名的葉子觀察者）

大家的外型都是一個樣！

討厭，真搞不清楚自己在做什麼！嗚—

*註1：極北柳鶯已裂分為極北柳鶯、堪察加柳鶯及日本柳鶯，就其歌聲描述，本圖應是日本柳鶯（*Phylloscopus xanthodryas*）。
*註2：暗綠柳鶯那張圖其實畫的是雙斑綠柳鶯（*Phylloscopus plumbeitarsus*）。

124

我是日本最小的鳥！

骨碌碌的眼睛
小小的喙部
非常可愛♡

在野外很難看得見
紅色的部分

斑姬鶲
斑鶲 13cm
Ficedula hypoleuca

迷鳥

♂夏羽

一齡冬羽

戴菊鳥
菊戴 10cm
Regulus regulus
（小王子）

雌鳥的
頭頂
沒有紅色

♀

喜歡
針葉樹林

鳥如其名
有道白眉毛

黃眉黃鶲 黃鶲 13.5cm
Ficedula narcissina
（鮮黃色的榕果愛好者）

♀

喉部是
橘色的

♂

鳴唱的
聲音很美

白眉鶲
眉白黃鶲 13cm
Ficedula zanthopygia
（黃屁股的
榕果愛好者）

♂

♀

啪答啪啪

啪答啪啪

雌鳥的顏色
非常暗淡

125

白眉黃鶲 麦蒔 13cm
Ficedula mugimaki
（撒麥播種的榕果愛好者）

白腹琉璃 大瑠璃 16.5cm
Cyanoptila cyanomelana
（藍與黑的藍羽毛鳥）

♀

♂

雌鳥顏色不起眼

♀

啦、嘩

哦

啪啦
啪啦

被列為日本三鳴禽
之一（短翅樹鶯、
日本歌鴝）

♂

藍色的身體很美麗

麥子

紅喉鶲
尾白鶲 11.5cm
Ficedula parva *
（體型小的榕果愛好者）

♀

尾巴的
這邊是
白色

♂

迷鳥

♂ 幼鳥

紅尾鶲
深山鶲 12.5cm
Muscicapa ferruginea
（鐵鏽色的捕蠅者）

126

＊註：紅喉鶲的學名現為 *Ficedula albicilla*。

鮮卑鶲 鮫鶲 13.5cm
Muscicapa sibirica
（西伯利亞的捕蠅者）

骨碌碌的
眼睛
好可愛♡

羽色和鯊魚的顏色
很像，所以日文名
「鮫鶲」。

寬嘴鶲
小鮫鶲 13cm
Muscicapa dauurica

灰斑鶲
蝦夷鶲 14.5cm
Muscicapa griseisticta
（有灰色斑點的捕蠅者）

紫壽帶
三光鳥 ♂44.5cm ♀17.5cm
Terpsiphone atrocaudata
（具有黑尾、快樂高歌的歌手）

♀

雄鳥的尾巴
超級長

雌鳥的尾巴
不長喔！

藍色眼鏡（？）
和喉部很醒目

♂

叫聲聽起來像在說
日文的「月、日、星，
呵呵呵！」，
所以稱為「三光鳥」。

燕雀目 ｜ 王鶲科

127

動來動去的出來

燕雀目　攀雀科

攀雀
吊巢雀　11cm
Remiz pendulinus
（會築吊掛型鳥巢的鳥）

♂

臉像
貍貓

♀

離巢的雛鳥
擠在一起休息

非常小的
喙部

長長的尾巴就像
單把鍋的柄，
所以日文名稱為
「柄長」。

燕雀目　山雀科

有光澤
的黑色

略粗的
喙部

圓圓的
大眼睛 ♥

一模一樣
兩者在野外很難
識別

銀喉長尾山雀
柄長　13.5cm
Aegithalos caudatus
（具有長尾的山雀）

白臉的
亞種

日本銀喉
長尾山雀

沼澤山雀　嘴大雀　12.5cm
Parus palustris *
（沼澤地的山雀）

褐頭山雀　小雀
Parus montanus *　12.5cm
（山上的山雀）

128

*註：沼澤山雀和褐頭山雀的屬名已改為 *Poecile*。

煤山雀 日雀 11cm
Parus ater *1
（黑色的山雀）

赤腹山雀 山雀
Parus varius *2 14cm
（顏色多變的山雀）

臉是紅色的亞種
西表赤腹山雀

灰藍山雀 瑠璃雀 13cm
Parus cyanus *3
（藍色的山雀）

迷鳥

黑色領帶是
辨識標記

雖然是白色臉頰，
但不是草鵐喔！

我是
草鵐

雌鳥的領帶
很細

♀

幼鳥

燕雀目　鳾科

可以頭朝下的
順著樹幹
往下走

白頰山雀
四十雀 14.5cm
Parus major
（大的山雀）

背部
黃綠色
很漂亮

茶腹鳾 五十雀 13.5cm
Sitta europaea
（歐洲的鳾）

129

*註1：煤山雀的屬名已改為 Periparus。　*註2：赤腹山雀的屬名已改為 Sittiparus。　*註3：灰藍山雀的屬名已改為 Cyanistes。

燕雀目　旋木雀科

翅膀上
有黃斑

捕食行動

旋木雀 木走 13.5cm
Certhia familiaris

好擠
好擠

擠成一團

紅脇繡眼
朝鮮目白 11cm
Zosterops erythropleurus
（腹側紅色且有眼圈的鳥）

燕雀目　繡眼科

日菲綠繡眼 目白 12cm
Zosterops japonica
（日本的有眼圈者）

常聽到的叫聲

我最愛
吃花蜜♥

啾
啾！

唧 啾 唧
啾 啾 啾
啾 啾 唧

白色眼鏡
很醒目

燕雀目　食蜜鳥科

小笠原吸蜜鳥 目黑 13.5cm
Apalopteron familiare

日本特有種
分布於小笠原群島
的母島列島

很可疑的
黑面具

最喜歡木瓜 →

冠鵐
連雀野路子 16.5~17.5cm
Melophus lathami

很顯眼的頭冠
迷鳥
頭冠比雄鳥小一點 ♀
♂
偏粗的喙部

迷鳥

白頭鵐
白髮頰白 17cm
Emberiza leucocephalos
（白頭的鵐）

♀
♂ 冬羽
♂ 夏羽

黃鵐 黃青鵐 16cm
Emberiza citrinella
（檸檬黃的鵐）

最常聽見的叫聲像在說日文的「一筆啟上」、「源平杜鵑白杜鵑」＊。

草鵐
頰白 16.5cm
Emberiza cioides
（和白頂鵐〔產於歐洲〕長得很像的鵐）

雄鳥會站在視野很好的樹梢上鳴唱

一筆啟上
♂
♀

灰頸鵐
岩場頰白 15cm
Emberiza buchanani

迷鳥

131

＊註：日文「一筆啟上」，意為「敬啟者」，音 Ippitsu-Kei-Jou。日文「源平杜鵑白杜鵑」發音為 Gen-bei-tsutsuzi Shiro-tsutsuzi。

圃鵐
頭青頰白 17cm
Emberiza hortulana
（庭園的鵐）

迷鳥

由於頭是黑色，
所以日文別名
「戴鍋」。

↑ ♂
夏羽

頭上沒戴
鍋子的雌鳥 ↗

紅頸葦鵐 小壽林 14.5cm
Emberiza yessoensis
（蝦夷〔北海道〕產的鵐）

白眉鵐
白腹頰白 15cm
Emberiza tristrami
（以英國鳥類學家崔斯傳〔H. B. Tristram〕
命名的鵐）

黑白條紋
的臉 ←

↑ ♂

赤胸鵐 頰赤 16cm
Emberiza fucata
（頰上抹腮紅的鵐）

砰咚！

微醺的
感覺♡

在各種鵐中
體型最小 ↘

砰咚！

西

小鵐 小頰赤 12.5cm
Emberiza pusilla
（非常小的鵐）

黃眉鵐 黃眉頰白 15.5cm
Emberiza chrysophrys
（有金眉毛的鵐）

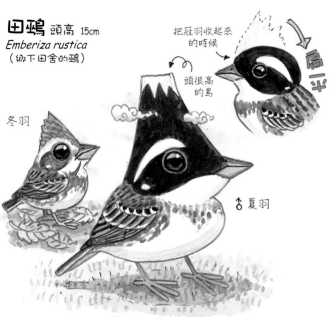

田鵐 頭高 15cm
Emberiza rustica
（鄉下田舍的鵐）

把冠羽收起來
的時候

扁平

頭很高
的鳥

冬羽

♂ 夏羽

高翹的頭上有
超大的太陽眼鏡？

黃喉鵐
深山頰白 15.5cm
Emberiza elegans
（優雅的鵐）

黃色的臉
很漂亮

♂

♀

像黑臉的
不倒翁

金鵐 島青鵐 14cm
Emberiza aureola
（金色的鵐）

♂

♀

鏽鵐 島野路子 13.5cm
Emberiza rutila
（發出紅色光芒的鵐）

茶色的
雨衣

啪

♂

♀

黑頭鵐
頭黑茶金鳥 16cm
Emberiza melanocephala
（黑頭的鵐）

迷鳥

褐頭鵐 茶金鳥 16cm
Emberiza bruniceps

迷鳥

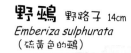

野鵐 野路子 14cm
Emberiza sulphurata
（硫黃色的鵐）

日文名好可愛
←白色的眼圈
和黑臉鵐
長得很像

♂

↑

灰頭黑臉鵐
（亞種）

♀

←眼睛前方不黑

黑臉鵐 青鵐 16cm
Emberiza spodocephala
（灰頭的鵐）

既然都有藍字、
黑字了，有沒有
赤字＊呢…？
沒有！！

幅走

赤字…

灰鵐 黑鵐 17cm
Emberiza variabilis
（充滿變化的鵐）

↑

雄鳥像個
影子般

♀

是喜歡黑暗場所
的陰沉傢伙

＊註：黑臉鵐和灰鵐的日文唸法與「藍字」、「黑字」的發音相同。

葦鵐
シベリア寿林 14cm
Emberiza pallasi
（以帕勒斯〔Pallas〕命名的鵐）

頭上戴著破鍋子

♂

夏羽♂

雖然長得像蘆鵐，不過體型比較小，羽色也較淡。

蘆鵐 大寿林 16cm
Emberiza schoeniclus
（棲息在蘆葦叢的鵐）

這個鍋子也是破的

♂ 夏羽

♀

日文別名「葦捍雀」

鐵爪鵐
爪長頰白 15.5cm
Calcarius lapponicus
（在北歐拉普蘭地方後爪很長的鳥）

夏羽♂

啪哦

冬羽♂

和日文名一樣，後趾的爪子很長。

雪鵐 雪頰白 16cm
Plectrophenax nivalis
（雪白的炫耀長後爪者）

冬羽♂

又白又可愛的鵐

♀

夏羽♂

狐雀
胡麻斑雀 17.5cm
Passerella iliaca
（腹側有特徵的麻雀）

迷鳥

三角形
胸飾 →

條紋狀的頭 →

白冠雀
深山鵐 17.5cm
Zonotrichia leucophrys
（白眉的帶狀頭髮者）

迷鳥

頭頂像
蒲公英

迷鳥

金冠雀 ♂
黃頭鵐 17.5cm
Zonotrichia atricapilla
（黑髮的帶狀頭髮者）

燕雀目	森鶯科

稀樹草鵐
サバンナ鵐（草地姫鳥）14cm
Ammodramus sandwichensis *

迷鳥

我迷路了

♂ 黑色帽子
很俏皮

超稀有的鳥
迷鳥

黑頭威森鶯
ウィルソンアメリカ虫喰 12cm
Wilsonia pusilla

燕雀目	雀科

蒼頭燕雀 頭青花鷄 16cm
Fringilla coelebs
（孤獨的雀）♀

超稀有鳥類
迷鳥

♂

＊註：稀樹草鵐目前通用的學名為 *Passerculus sandwichensis*。

花雀 花鶲 16cm
Fringilla montifringilla
（山上的雀）

♂夏羽

橘色背心
很醒目➙

♂冬羽

♀

有時也會形成
一大群喔

金翅雀
河原鶲 14.5cm
Carduelis sinica *1
（在中國喜歡薊的鳥）

我最喜歡
葵花子♡

嗖哩叩囉 嗖哩叩囉

飛行時，
翅膀上的黃色
很明顯。

雄鳥的
鳴唱

尾羽是
凹型

♀

雌鳥整體
顏色比
雄鳥淡

黃雀 真鶲 12.5cm
Carduelis spinus *2
（小型喜歡薊的鳥）

♀

時髦（？）的
帽子與顎鬚 ♂

嗽呀
嗽呀！

在冬天
經常
成群活動

雌鳥沒戴帽子也沒有鬍子

最喜歡赤楊的種子

137

＊註1：金翅雀的屬名現為 *Chloris*。　＊註2：黃雀的屬名現為 *Spinus*。

紅額金翅雀
五色鶸 14cm
Carduelis carduelis
（喜歡薊的鳥）

真是顏色
鮮豔的鳥啊～

據說可能是
籠鳥逸出

也有頭
不黑的型喔

迷鳥

普通朱頂雀 紅鶸 13.5cm
Carduelis flammea *
（火焰色且喜歡薊的鳥）

呃

♀

簡直就是血淋淋的狀態

普通朱頂雀

極北朱頂雀

腰部是白色

極北朱頂雀
小紅鶸 13cm
Carduelis hornemanni
（以丹麥植物學家霍尼曼
〔J. W. Hornemann〕命名、喜歡薊的鳥）

好痛

腰部
白色

迷鳥

比普通朱頂雀白

粉紅腹嶺雀
萩猿子 16cm
Leucosticte arctoa
（北極的白斑鳥）

偏黑的身體上
有玫瑰圖樣，
看起來很妖豔。

喔～
真是令人
懷念的郵筒

♂

普通朱雀 赤猿子 14cm
Carpodacus erythrinus
（紅色的咬果實者）

哇～真好
看的紅色 ♡

♀
雌鳥的
顏色
很低調

138

*註：普通朱頂雀的屬名現為 *Acanthis*。

松雀
銀山猿子　20cm
Pinicola enucleator
（會把松果仁取出的
松樹愛好者）

紅交嘴鳥
交喙　16.5cm
Loxia curvirostra
（彎曲的喙部交錯的鳥）

白翅交嘴鳥
鳴交喙　15cm
Loxia leucoptera
（白翅膀的喙部交錯的鳥）

小笠原鑞嘴雀
小笠原猿子　18.5cm
Chaunoproctus ferreorostris
（有鐵色喙部及寬尾的鳥）

北朱雀 大猿子 17.5cm
Carpodacus roseus
（玫瑰色的咬果實者）

長尾雀 紅猿子 15cm
Uragus sibiricus
（西伯利亞的後衛隊隊長）

紅腹灰雀 鷽 15.5cm
Pyrrhula pyrrhula
（火餡色的鳥）

臘嘴雀 鴇 18cm
Coccothraustes coccothraustes
（會打碎者穀物）

小桑鳲 小桑鳲、小鵤 18.5cm
Eophona migratoria
（會遷移的破曉鳴唱者）

戴得很下面的
黑色頭巾

我不是
強盜

好大的
喙部

嚙嘀

雌鳥沒有
戴黑頭巾

♂
冬羽

夏羽的鳥喙基部
變藍黑色

♀

桑鳲 桑鳲、鵤 23cm
Eophona personata
（戴面具的破曉鳴唱者）

戴得很淺的
黑色頭巾

我才不怕
你怎樣？

好大的
喙部

翅上有白斑

燕雀目｜文鳥科

家麻雀 家雀 16cm
Passer domesticus
（家裡的麻雀）

我的目標是
征服全世界！

我要
保護
日本！

濃密的
顎鬚

移居到
世界各地

♂

迷鳥

♀

麻雀

山麻雀 入內雀 14cm
Passer rutilans
（紅褐色的麻雀）

很清爽

臉頰不是黑色
的麻雀，就不是
正牌麻雀！

臉上沒有
黑色頰斑

♂夏羽

刮

麻雀

♂冬羽

♀

近在眼前、
無人不曉的麻雀，
也是茄子
非常喜歡的鳥。

啾 啾

是識別鳥類
大小的基準

巧克力色的頭，
看起來
很可口。

輝椋鳥 綠鴉擬 17~20cm
Aplonis panayensis

哇哈哈
烏鴉的
冒牌貨

烏鴉

擬烏鴉…
喂，
這到底
是誰取的！

閃亮亮的
綠色背部
很漂亮

俺是
擬雁鴨 *1

迷鳥
（也可能是
逸出籠鳥）

幼鳥

絲光椋鳥
銀椋鳥 24cm
Sturnus sericeus *2
（像絲絹般的椋鳥）

銀色身體
很美

離不開
人類住家

麻雀 雀 14.5cm
Passer montanus
（山裡的麻雀）……可不是住在山裡喔

最喜歡洗砂浴 ♡

＊註1：擬雁鴨是日本關東煮中的一味，是將豆腐壓碎後加上一些蔬菜捏成丸狀炸過再煮。正式名稱為「飛龍頭」。　＊註2：絲光椋鳥的屬名現為 *Spodiopsar*。

北椋鳥
シベリア椋鳥 16.5cm
Sturnus sturninus [1]
（看起來像椋鳥的椋鳥…♪）

頭後面的黑斑很可愛

帶有綠色光澤的翅膀很漂亮

♂

比雄鳥顏色暗淡的雌鳥

♀

小椋鳥 小椋鳥 19cm
Sturnus philippensis [1]
（菲律賓產的椋鳥）

臉頰上的茶色汙痕（？）很俏皮

♂

鳴

啪等

♀

在樹洞等地方築巢

啃呀啃

跟椋鳥比起來，在地面上覓食的時間短得多。

喜歡待在樹上

灰背椋鳥 唐椋鳥 19cm
Sturnus sinensis [2]
（中國產的椋鳥）

眼睛是藍白色

不是這種「Kara」[3]

雄鳥的覆羽白色

在飛行時很醒目的白色覆羽

雌鳥覆羽的白色部分比較窄

♂

♀

粉紅椋鳥 薔薇色椋鳥 22cm
Sturnus roseus [4]
（薔薇色的椋鳥）

幼鳥

迷鳥

正如名字所示，薔薇色（桃色）的身體很美麗。

143

*註1：北椋鳥和小椋鳥的屬名已改為 *Agropsar*。　　*註2：灰背椋鳥的屬名已改為 *Sturnia*。　　*註3：「唐」與「空」的日文唸法都是「Kara」。　　*註4：粉紅椋鳥的屬名已改為 *Pastor*。

歐洲椋鳥 星椋鳥 21cm
Sturnus vulgaris
（普通的椋鳥）

飛行時的
形狀像三角板

冬羽 →
身上的
星星花紋
很清楚

夏羽 →

身上的
星星
不很清楚

紫色或
綠色的
光澤很美

與其說是
星形，
還不如說
是心形的
白斑呢！

嘴和腳
是橘色 → ♂

腰上有白色
的行李（？）

體色
感覺上
比雄鳥呆

♀

灰椋鳥 椋鳥 24cm
Sturnus cineraceus *
（灰色的椋鳥）

啾嚕
嚕
啾嚕
嚕嚕

會聚集成一大群

144

＊註：灰椋鳥的屬名現為 *Spodiopsar*。

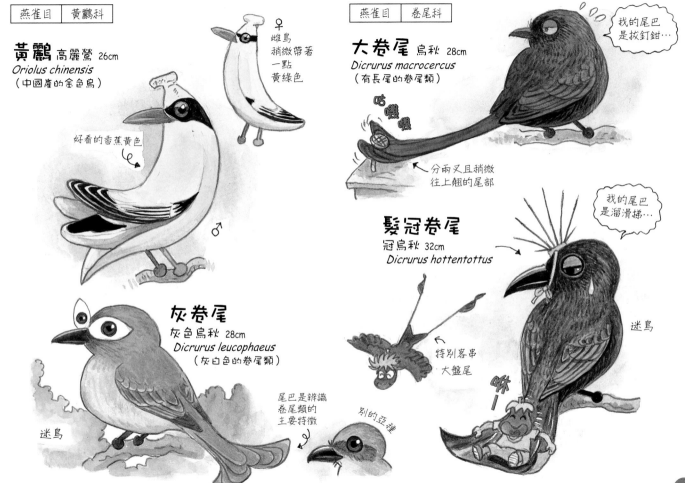

燕雀目　黃鸝科

黃鸝 高麗鶯 26cm
Oriolus chinensis
（中國產的金色鳥）

好看的香蕉黃色

♂

♀
雌鳥
稍微帶著
一點
黃綠色

灰卷尾
灰色烏秋 28cm
Dicrurus leucophaeus
（灰白色的卷尾類）

迷鳥

尾巴是辨識
卷尾類的
主要特徵

別的亞種

燕雀目　卷尾科

大卷尾 烏秋 28cm
Dicrurus macrocercus
（有長尾的卷尾類）

我的尾巴
是拔釘鉗…

咕噜嘍

分兩叉且稍微
往上翹的尾部

髮冠卷尾
冠烏秋 32cm
Dicrurus hottentottus

我的尾巴
是溜滑梯…

特別客串
大盤尾

咻一

迷鳥

145

白胸木燕 森燕 17.5cm
Artamus leucorhynchus
（白嘴的屠殺者）

堅硬的喙部和
燕子不一樣 →

腰是白色 →

迷鳥

只在西表島有過兩次紀錄
（1973年、1986年）

琉球松鴉 瑠璃懸巢 38cm
Garrulus lidthi
（以里茲〔Lidth〕命名的聒噪鳥類）

日本
特有種

← 偏白的嘴看起
來有點陰森

→ 藍紫色與紅褐色的
體色非常鮮豔

只分布在
奄美大島及
其周圍的島上

松鴉 懸巢 33cm
Garrulus glandarius
（喜歡橡實的聒噪鳥類）

呼哇　呼哇

斑白的頭

捷！
捷！
Jay！

藍白黑三色
相間，很漂亮

很會學其他鳥
的聲音

亞種
深山松鴉
（分布在北海道）
頭及眼睛的顏色
和松鴉不同

茄子只要
看見松鴉，
就會覺得
頗幸福呢！

灰喜鵲 尾長 37cm
Cyanopica cyana
（藍色的鵲）

黑色帽子是
精心打扮的重點

頭色斑白的
幼鳥

藍色的羽毛
很漂亮

鳥如
其名，
尾部
很長。

總是
成群生活

輕輕的拍打翅膀

喜鵲 鵲 45cm
Pica pica *
（鵲）

必●勝!!

喳 喳
喳 喳

傳說只要聽到喜鵲叫聲
就有好事發生……
別名『勝利鴉』

白與黑（帶綠或紫）
的對比很美麗

想看星星
就到
高山上吧

充滿了星星

嘎一

嘎一

星鴉 星鴉‧星烏 34.5cm
Nucifraga caryocatactes
（咬碎樹木核果者……胡桃鉗）

147

＊註：喜鵲的學名現為 *Pica serica*。

寒鴉
西黑丸鴉 33cm
Corvus monedula
（寒鴉）

雖然長得像東方寒鴉，
但眼睛是白色。

啾啾

黑丸鴉＝
黑又圓的烏鴉？

在日本是
迷鳥，
只有2例
的紀錄。

W S N E

東方寒鴉
黑丸鴉 33cm
Corvus dauuricus

淡色型(成鳥？)

深色型
（幼鳥？）

還真是適合穿圍裙啊♡

中間型

家烏鴉
家鴉 43cm
Corvus splendens
（光輝閃亮的烏鴉）

迷鳥？
逸出籠鳥？

據說搭船
進來的
可能性很高

禿鼻鴉
深山鴉 47cm
Corvus frugilegus
（收集果實的烏鴉）

這不是
泥巴，
是皮膚。

幼鳥的嘴基部
是黑色

嘎！

嘎！

成群生活

148

小嘴鴉
嘴細鴉 50cm
Corvus corone
（會嘎嘎叫的烏鴉）

比巨嘴鴉
稍小一點

看起來很
堅固的嘴喙

叫聲有點
沙啞

嘎！
嘎！
嘎！

喙的
厚度不同

巨嘴鴉
嘴太鴉 56.6cm
Corvus macrorhynchos
（大嘴烏鴉）

嘎！
嘎！

正面的姿勢
和人類
其實有點像

你好

渡鴉
渡鴉 61cm
Corvus corax
（大型的烏鴉）

是燕雀目中
最大的鳥

亞種
八重山巨嘴鴉
分布於八重山群島

嘴細、身體小（咦？
那應該叫小嘴鴉啊？）

你會
不會長太
大了點？

反正
大家都
討厭我……

嗯…
看起來
很難吃

請不要
亂翻垃圾…

149

野外馴化的逸出籠鳥（引進種、家禽）

雁鴨目　雁鴨科

黑天鵝
黑鳥 115~140cm
Cygnus atratus
（黑色的白天鵝）

咦…怪怪的喔？

還是減肥吧…

土鵝
支那鵝鳥
Anser cygnoides
var. *domesticus*
（家裡長得跟天鵝很像的雁）

裡面到底放了什麼？

看了就覺得很痛的腫包

也有白色的喔

在中國以鴻雁作品種改良後，配種出來的家禽。

很吵的叫聲

埃及雁 エジプト雁 71~73cm
Alopochen aegyptiaca

臉長得有點可怕…

白羅曼鵝
ツールーズ鵝鳥
Anser anser
var. *domesticus*
（家裡的雁）

在法國是由灰雁作改良所培育出來的家禽

體重為灰雁的三倍

鸚形目　鸚鵡科

虎皮鸚鵡
背黃青鸚鵡 18.5cm
Melopsittacus undulatus
（波紋花樣的虎皮鸚鵡）

♀鼻子顏色不一樣

菜鴨 家鴨（鶩）
Anas platyrhynchos var. *domestica*
（家裡的闊嘴鴨）

在中國是從綠頭鴨所改良培育出的家禽

日本綠頭鴨

胖胖的綠頭鴨

白菜鴨

美洲鴛鴦 アメリカ鴛鴦
Aix sponsa 43~51cm
（穿新娘裝的有蹼鳥）

據說會從臉上的瘤發出強烈的臭味

臉上的花紋真是震懾力十足呀！

番鴨 番鴨
Cairina moschata
var. *domestica*
66~84cm

由野番鴨改良培育出的家禽

紅領綠鸚鵡
輪掛本青鸚鵡
Psittacula krameri 40.5cm

在我居住的所澤市也看得到牠們

燕雀目　鵯科

鴿形目　鳩鴿科

請不要餵鴿子吃東西

大家都很熟悉的鴿子

野鴿 土鳩 33cm
Columba livia

由岩鴿改良出來的

紅耳鵯
紅羅雲 20cm
Pycnonotus jocosus

真雄偉的頭冠

臉頰的紅斑很可愛

150

黑臉噪鶥
顏容畫眉鳥 30cm
Garrulax perspicillatus

嘰嘰咕嚕

眼睛周圍的摸樣
好像火球

紅嘴相思鳥
相思鳥 15cm
Leiothrix lutea

紅梅花雀 紅雀 9.5cm
Amandava amandava

一副酒鬼的臉

總而言之就是叫聲很吵

不論顏色或聲音都很美

橙頰梅花雀
頰紅鳥 9.5cm
Estrilda melpoda

冠紅臘嘴雀
紅冠鳥 18.5cm
Paroaria coronata

白腰文鳥 腰白全腹 11cm
Lonchura striata

白頭文鳥 碧鳥 10cm
Lonchura maja

我的粉抹太白了嗎？

爪哇雀 文鳥 15cm
Padda oryzivora

啊～真舒服♥

帕答

黑頭文鳥

肚子不白的亞種

黑頭文鳥
銀腹 11cm
Lonchura malacca

黑腰梅花雀 楓鳥 9.5cm
Estrilda troglodytes

斑文鳥
縞金腹（網腹）11cm
Lonchura punctulata

黃頂寡婦鳥
黃金腹 10~14cm
Euplectes afer

針尾維達鳥 天人鳥 ♂25cm ♀12cm
Vidua macroura
（長尾巴的寡婦）

豪華的服裝

八哥 八哥鳥 26cm
Acridotheres cristatellus

啊，我的醬頭

看起來有點壞壞的臉

紅領寡婦鳥 金蘭鳥 13cm
Euplectes franciscanus

家八哥 インド八哥 23cm
Acridotheres tristis

白尾八哥 ジャワ八哥 23~25cm
Acridotheres javanicus

151

中名索引

153

155

野外賞鳥守則

各地的自然保育團體皆是以自然與人共存為活動目標。在此提出幾項野外賞鳥的守則請大家遵守，才不會在親近自然時，給野鳥或大自然增添了麻煩。

野 外活動，保持愉快心情，不要勉強

大自然並不是只為人類存在的，其中也可能潛藏著意想不到的危險。活動時要帶著知識、常識且安全的行動。

外 出時不要採集，讓大自然保持原來的狀態

大自然是野鳥的家，其中有許多生物是牠們的食物。
仔細觀察大自然的原貌，過去不曾注意到的世界就會展現在你眼前。不要隨便採集生物（在大家一起參加的賞鳥活動中，通常是禁止採集的）。

要 安靜、輕聲細語

野鳥等野生動物通常都很怕人，太大的聲音或動作都會讓牠們產生警戒。只要能夠保持安靜，就不會嚇到牠們，也能夠享受到鳥類細小的鳴叫聲或拍翅聲等自然之音。

小 心依循路徑前進，不要離開步道

為了避免危險與不傷害大自然，並且不要給農地主人等住在當地的居民添麻煩，請不要離開規劃的步道。

心 想拍照，活動時請不要造成他人困擾

有時拍照會對野生生物或周遭的大自然造成不好的影響，所以在拍照前要先瞭解拍攝對象以及周圍的環境，才不會傷害牠（它）們。最好不要餵食，特別是對像烏鴉或是鴿子這類依賴人類生活的生物、對生態系造成影響的外來移入種、水質惡化的場域等等。由於攝影拍照或是餵食、觀察等行為，有時會對當地人帶來精神壓力或導致誤解，所以一定要考慮周全。

回 憶和垃圾以外，什麼都不可帶走

請把垃圾帶回家。塑膠不論軟硬，都有可能會導致鳥類的死亡。此外，由於吃剩的便當等會導致雜食性動物增加，也會引發大自然的失衡。盡一己之責把垃圾收乾淨帶回家，是每個人都做得到的保護自然行動。

避 免接近雛鳥的巢

在育雛的季節中，親鳥大多會變得非常神經質，只要感覺危險，或是巢附近的情況有了變化，就有可能棄巢而去。特別是在巢附近拍照攝影，有時也會導致雛鳥的死亡，所以在不熟悉野鳥的習性時，請不要靠近牠們的巢。此外，剛離巢的雛鳥很常被誤認為是迷路或從巢裡掉下來，很多時候親鳥其實就躲在附近，請不要把牠們撿起來帶走。

請注意拍攝野鳥照片時的禮節！

如果想要拍些美麗的照片刊載於印刷品或網路上，在拍攝之時，請務必遵守以下的禮節。

> 盡量避免拍攝正在築巢中的鳥或巢，以及巢中的雛鳥、想回巢的親鳥等的育雛狀況。

> 盡量避免餵食、用聲音誘導或使用閃光燈等。

> 盡量避免為了拍攝效果而改變環境，例如移植或修剪植物，或是移動土塊、石頭等。

也請注意觀察及攝影時共通的重要禮節！

很多難得飛來台灣的稀有野鳥，往往是離開了棲息地或原遷徙路線，有時牠們的體力已經變弱。為了讓那些鳥能夠充分休息，請避免觀察或攝影時過度接近或驚嚇牠們。

在把稀有野鳥的觀察情報或地點公布到網路上，或是提供給媒體時，要事先和該地區主管單位或地主商量，以免太多人聚集該處進行觀察而引發問題。

攝影者若三五成群在道路上架設三腳架，會阻礙人車通行。此外，在停車時也要注意，不要造成鄰近居民的困擾。

觀察或拍攝時，望遠鏡和鏡頭要注意對準的方向，不要讓當地人認為自己遭人偷窺。

台灣的賞鳥活動相關團體

看完本書後，如果對賞鳥或自然觀察活動感興趣，或是有相關問題想尋求解答，請向各地鳥會洽詢聯繫。

中華民國野鳥學會
台北市大同區塔城街50巷3號2樓
TEL：(02)2556-2012
http://www.bird.org.tw

基隆市野鳥學會
基隆市仁愛區南榮路177號2樓
TEL：(02)2427-4100

台北市野鳥學會
台北市大安區復興南路2段160巷3號1樓
TEL：(02)2325-9190
http://www.wbst.org.tw

宜蘭縣野鳥學會
宜蘭縣員山鄉石頭厝路200號
https://www.facebook.com/yilanbird/

桃園市野鳥學會
桃園市桃園區宏昌12街504號
TEL：(03)220-8667
http://taoyuanbird.org.tw

新竹市野鳥學會
新竹市光復路2段 246 號 4 樓之 1
TEL：(03)572-8675
http://bird.url.com.tw

南投縣野鳥學會
南投縣埔里郵政第101號信箱
TEL：(049)291-1838

彰化縣野鳥學會
彰化縣彰化市大埔路492號5樓
TEL：(04)711-0306
http://eagle.org.tw

嘉義市野鳥學會
嘉義市保成路195號
TEL：(05)275-0667
http://www.cycwbs.org.tw

雲林縣野鳥學會
雲林縣斗南郵政第66號信箱
TEL：(05)596-6970
http://www.bird.org.tw/yunlin/cpsub/sub.php

台南市野鳥學會
台南市南門路237巷10號3樓
TEL：(06)213-8310，213-8331
http://210.59.17.8/~bird

高雄市野鳥學會
高雄市前金區中華四路282號6樓
TEL：(07)215-2525
http://www.kwbs.org.tw/web

屏東縣野鳥學會
屏東市大連路62之15號
TEL：(08)735-1581，737-7545
http://www.bird.org.tw/pingtung

台東縣野鳥學會
台東市正氣路192號
TEL：(089)345-939，345-916

花蓮縣野鳥學會
花蓮市德安1街94巷9號
TEL：(03)833-9434
http://hualienbird.pixnet.net/blog

嘉義縣野鳥學會
嘉義縣太保市信義二路157-167號
TEL：(05)362-1839

台灣野鳥協會
台中市南區建國南路2段218號1樓
TEL：(04)2260-0518
http://www.birdtaiwan.com

金門縣野鳥學會
金門縣金城鎮民族路266巷18號2樓
TEL：(082)325-036

澎湖縣野鳥學會
澎湖縣馬公市西衛里207-3號
TEL：(06)927-7563

參考文獻

●高野伸二ほか（2007）「フィールドガイド日本の野鳥 増補改訂版」日本野鳥の会

●五百沢日丸、山形則男、吉野俊幸（2004）「日本の鳥550 山野の鳥 増補改訂版」文一総合出版

●桐原政志、山形則男、吉野俊幸（2000）「日本の鳥550 水辺の鳥」文一総合出版

●叶内拓哉、安部直哉、上田秀雄（1998）「山渓ハンディ図鑑7・日本の野鳥」山と渓谷社

●日本鳥類保護連盟（1998）「鳥630図鑑」日本鳥類保護連盟

●中村登流、中村雅彦（1995）「原色日本野鳥生態図鑑 陸鳥編」保育社

●中村登流、中村雅彦（1995）「原色日本野鳥生態図鑑 水鳥編」保育社

●内田清一郎（1983）「グリーンブックス96・鳥の学名」ニュー・サイエンス社

●国松俊英（1995）「名前といわれ 日本の野鳥図鑑1・野山の鳥」偕成社

●国松俊英（1995）「名前といわれ 日本の野鳥図鑑2・水辺の鳥」偕成社

●宇田川竜男（1971）「標準原色図鑑全集18」保育社

●吉井正（1988）「コンサイス鳥名事典」三省堂

●菅原浩、柿澤亮三（1993）「図説 日本鳥名由来辞典」柏書房

●田中秀央（1966）「羅和辞典」研究社

●富士鷹なすび（1995）「なすびの野鳥図鑑」

※原日文名、學名、身長參自「フィールドガイド日本の野鳥 増補改訂版」（日本野鳥の会）。
　此外，P146、P147參自「日本の鳥550 水辺の鳥」（文一総合出版）。

讓人開心一讀再讀的好鳥書

丁宗蘇（臺灣大學森林環境暨資源系教授）

這本書恐怕是台灣目前為止最暢銷的鳥書了。

賞鳥人常會買這本書，因為作者富士鷹茄子是很棒的畫家與鳥類觀察者，他傳神地畫出鳥類的神韻，又突顯出辨識重點，還能穿插相關的鳥類行為、生態及分類知識。雖然這是不正經的鳥類圖鑑，卻能發揮專業鳥類圖鑑的效果。平常不看鳥的人也會喜歡這本書，因為書中的每一隻鳥就像一頁頁漫畫，引人入勝，嘴角總是不爭氣地上揚。每次要準備有關鳥類的禮物，這本書總是最受歡迎的一個禮物。大受歡迎的結果，就是常常買不到，看到就要趕快買下囤起來。

在繁體中文版出版十週年時，很高興聽到遠流出版公司重新改版推出，特別增加了台灣特有鳥的內容並更新鳥類相關資訊，讓這本可愛鳥書與時俱進，讓更多人開心。

在第一版時，譯者張東君與我的原則，就是盡量保留原汁原味。在這十週年版中，我們也秉持同樣的原則。原書中不少笑點與說明來自日文鳥名，因此仍然保留日文的漢字鳥名，方便讀者比對，並另依據中華鳥會2020年的台灣鳥類名錄，加上台灣目前通用的中文鳥名。原書中很多鳥種由於分類變遷，學名已經過時。但這些學名都很有意義，原作者也做了很好的詮釋，因此我們還是保留原書的學名，但附註目前通用的鳥類學名。最後，索引處也更新了這些鳥類在台灣的遷留類別與數量等級，這些資訊參考自中華鳥會最新的2020年台灣鳥類名錄。

這本野鳥圖鑑其實很實用，可讓大家增強鳥功又開心。希望隨著這本書的全新推出，讓更多人更開心。

關注自然生態的幽默創意

黃一峯（金鼎獎科普作家・親子生態教育工作者）

第一次見到這本書是在京都的書店，翻沒幾頁就愛不釋手，也顧不得日文識不得幾個字，就急著打包回家。如獲至寶的我一讀再讀，因為作者的畫實在太有趣，創意的呈現方式反而讓人更注意到鳥的特徵，即使不懂日文，光看圖畫就知道是在描述哪一種鳥！

很高興有了繁體中文版，讓我得以讀到更多知識。對於我這種「非典型」自然工作者，這本「非實用」野鳥圖鑑真的非常實用，傳統鳥類圖鑑上艱澀難懂的物種特徵描述，在這本書裡都被轉化成圖像，用Q版卻不失真的漫畫方式呈現。有時圖像還藏有很多與主角有關的小細節，比如公尖尾鴨的尾羽被誇張地畫得很長，長到上頭還站了翠鳥、蜻蜓等其他溼地生物。不但如此，鳥主角們偶爾還會有逗趣對白，讓我邊看邊笑。更多時候是讚嘆作者獨到的見解與創意，同為插畫家的我知道，這一切有意思的描述方式，源自於作者多年的賞鳥經驗，經過轉化才變成這本淺顯易懂、搞笑、多元且富想像力的藝術作品，每個物種都能一一考證特徵，絕非隨手塗鴉。

因為這本書的啟發，讓我在引導更多人認識生物時，會用同樣有趣且幽默的方式來解說，而這樣的方式的確能更快吸引注意力，並且令人印象深刻！在這資訊爆炸的數位時代，這的確是一個引領更多人關注自然生態的好創意。

無論你是愛鳥人士或對自然一知半解的小白，我都非常推薦這本書，它開啟了我對鳥類的不同視野，相信你也能藉此擺脫艱澀的鳥類分類學，以輕鬆幽默的方式和鳥類做朋友，你會發現這是一本「很實用」的野鳥圖鑑！

老少咸宜的可愛圖鑑

鄭國威（泛科知識公司知識長）

2019年夏天某日，在家有點悶，便到附近河堤散步。氣溫雖高，但陽光和煦，青芒果樹與老榕樹綠葉成蔭，河道吹來輕盈涼風，真是舒服。我緩步經過一棵大榕樹，瞥見一「活物」定在步道中，竟是隻無精打采的小鳥。牠腹部毛色純白，背與頭部則有點棕、灰加上綠，其他特徵我有看等於沒看，而牠完全不在乎離牠那麼近的我。

怎麼辦呢？雖然經營科學媒體，耳濡目染不少生態知識，當下還是慌：該撿起來或不理會？帶回家或聯絡野鳥專家？撿起來會不會害牠爸媽找不著？不理會，會不會轉眼就被野貓吃了？該觀察一陣子嗎？會不會因此讓牠不敢求救、讓牠的爸媽不敢靠近？

這些問題，我花了十秒想通，得出答案是「我不知道」。好在手機在身邊，搜尋「受傷野鳥」，第一條結果就是自家網站的〈路上遇到受傷野鳥該怎麼辦？〉（https://pansci.asia/archives/164058），完美回答了我的問題。我判斷牠是一隻幼鳥，決定「離遠一點，讓鳥爸媽自己來找」，並抱持著最佳期望。

剩下的問題是：這是什麼鳥？我一拿到這本《非實用野鳥圖鑑》，便按圖索鳥，雖然無法百分百確定，倒是有了眉目，而且讀得我笑開懷。本書畫風既寫實又誇張，看似荒謬卻易懂好記，除了適合我這種不專業愛鳥人士，也很適合親子共學。我打算帶著這本可愛的圖鑑，和女兒到鄰近校園賞鳥，一一比對，或照著畫看看，我想效果肯定好，就怕女兒看圖鑑看得太開心，忘了賞鳥了。

本書書名雖然寫著「非實用」，但作者以擬人化的方式創作出鳥兒們的世界，提供不同於生態繪畫的觀賞視角，對「賞鳥時增加了想像的樂趣」這點來說則是超級實用的喲！極力推薦給想體驗不同於寫實生態風格的您！

——ErA（BIRD ERA《鳥時代》萌禽畫家）

我看到作者源源不絕的想像力在600多種野鳥之間自由飛翔，身為同樣以鳥為主題的創作者，我覺得非常敬佩和讚嘆。作者透過生動、可愛、誇張的圖文，讓不認識鳥的人也可以和鳥人們站在一起，感受鳥兒從外形到行為的迷人魅力。而如果你已經踏入賞鳥這個大坑，絕對會深有同感、捧腹大笑！

——小i 陳佑淇（生態插畫與布偶創作者、「小i X 早鳥樂園」粉絲團版主）

《非實用野鳥圖鑑》以自然知識為本，結合藝術、創意與童趣，是一本寓教於樂、充滿趣味的圖書。【十週年台灣特有版】還有作者富士鷹茄子加繪的台灣特有種，以及審訂者丁宗蘇老師修訂加入許多在地元素，是老少咸宜值得推廣的好書。

——方偉宏（中華民國野鳥學會理事長）

「圖鑑」給人的印象是艱澀難以親近的，然而本書大大打破了平常印象。除了顯而可見的可愛插畫，更令人驚豔的是當中妙趣橫生的作者筆記，例如將鳥類生活幽默地擬人化、不同國家對鳥類有趣的別稱描述……相信所有人都可以在這本書中獲得樂趣。

——林慧秋 Chofy Lin（銀海設計創辦人）

對於不少人來說，多數鳥都是一個樣。然而，作者將他對許多鳥類特徵的瘋狂想像，以擬人或擬物的繪製風格呈現於此書。那些艱澀的辨識特徵不再那麼死板，更顯平易近人。若正統的太難，就來點有創意的吧。「非賣用」圖鑑，也可以很賣用！

——洪志銘（中研院生物多樣性中心助研究員）

這本書是我在大學開授鳥類生態通識課程的指定參考書，它以誇張手法描繪鳥類形態與行為特徵，讓觀鳥新手恍然大悟、老手會心一笑。這本書不但有趣，而且非常賣用，是學習鳥類野外辨識重點的極佳圖鑑。

——許皓捷（臺南大學生態暨環境資源學系副教授）

賞鳥，對很多人來講或許覺得陌生，不過看漫畫應是許多人兒時的回憶吧！作者將圖鑑以漫畫方式呈現，拉近人與鳥的距離，更開啟了賞鳥的另一「視」界。賞鳥時翻閱此書，你會不禁佩服作者的賞鳥功力，更讚嘆其豐富的想像力，對於鳥類的辨識重點，都能精準地畫出來，真是一本增加賞鳥樂趣的絕妙好書。

——張瑞麟（社團法人台北市野鳥學會理事長）

《非賣用野鳥圖鑑》雖是日本地區鳥類，但因地緣關係，大部分也屬台灣常見鳥種。這次【十週年台灣特有版】除了重新修訂內容，使其更能反映目前鳥類分布現況，還特別邀請作者富士鷹茄子專為台灣讀者手繪五種台灣特有鳥類。看到書稿後，我從第一頁開始便被本書的圖畫與文字深深吸引。既是好書，身為電機系教授的我強力推薦給您。

——**黃有評**（臺北科技大學電機系教授）

一隻鳥，可以用數位相機拍下牠的型或態，也可以經由多次觀察、捕捉到牠的「神韻」後，將這些觀察在智慧的腦內運算，以創意繪出傳神的圖像。看這本書時，你會看到創意，也會因此產生新的創意；你會看到一種鳥，也會看到這種鳥的神韻，以及人類在數位時代中最重要的資產——創意。

——**劉月梅**（荒野保護協會第九屆理事長、新竹女中生物科退休教師）

這本從我大學時代就注意到的有趣圖鑑，是一本詼諧又常常讓人會心一笑的搞笑圖鑑。更重要的是，它同時也是一本提供鳥人有效辨識功能的實用圖鑑。現在新版又增加了幾種台灣特有的鳥類，十分值得收藏。

——**蔡若詩**（嘉義大學生物資源學系暨研究所助理教授）

非實用野鳥圖鑑
600種鳥類變身搞笑全紀錄

著／富士鷹茄子　譯／張東君　審訂／丁宗蘇

副主編／陳懿文　主編／林孜勳　美術設計、封面構成／陳春惠
行銷企劃／舒意雯　出版一部總編輯暨總監／王明雪

發行人／王榮文
出版發行／遠流出版事業股份有限公司　104005 台北市中山北路一段11號13樓
電話：(02)2571-0297　傳真：(02)2571-0197　郵撥：0189456-1
著作權顧問／蕭雄淋律師
輸出印刷／中原造像股份有限公司
□ 2010年6月1日 初版一刷　□ 2022年4月25日 二版二刷

定價／新台幣399元 (缺頁或破損的書，請寄回更換)
有著作權‧侵害必究　Printed in Taiwan
ISBN 978-957-32-8726-1
YL遠流博識網 http://www.ylib.com　E-mail:ylib@ylib.com

國家圖書館出版品預行編目（CIP）資料

非實用野鳥圖鑑：600種鳥類變身搞笑全紀錄 /
富士鷹茄子著；張東君譯. -- 二版. --
　臺北市：遠流, 2020. 03
　　面；　公分
　譯自：原色非実用野鳥おもしろ図鑑
　　ISBN 978-957-32-8726-1(平裝)

　1. 鳥類　　2. 動物圖鑑

388.8025　　　　　　　　　　　109001171